"十二五"普通高等教育规划教材

工程训练指导书

刘科高　崔明铎　等　编

化学工业出版社

·北京·

本书是根据国家教育部最新颁布的"工程材料与机械制造基础课程教学基本要求"并结合多年来的教学改革经验而编写的"工程训练系列规划教材"之一,是与《工程训练报告》、《工程训练教程》、《机械制造基础》等教材配套使用的,有很强的实用性。

　　本书主要内容包括:工程材料及金属热处理、铸造、锻压、焊接、管工、切削基础知识、钳工、车工、铣工、刨工、磨工、数控机床、现代加工工艺、非金属材料成形、零件加工工艺分析等工程训练的教学指导。

　　本书可作为高等工程院校本科、专科、高职和成人教育等层次院校的通用教材,也可作为其他有关企、事业单位的工程技术人员培训课程的辅助用书。

图书在版编目(CIP)数据

　　工程训练指导书/刘科高,崔明铎等编. —北京:
化学工业出版社,2014.1(2019.2重印)
　　"十二五"普通高等教育规划教材
　　ISBN 978-7-122-18984-4

　　Ⅰ.①工…　Ⅱ.①刘…②崔…　Ⅲ.①机械制造
工艺-高等学校-数学参考资料　Ⅳ.①TH16

　　中国版本图书馆CIP数据核字(2013)第270836号

责任编辑:杨　菁　李玉晖	文字编辑:林　丹
责任校对:徐贞珍	装帧设计:张　辉

出版发行:化学工业出版社(北京市东城区青年湖南街13号　邮政编码100011)
印　　刷:三河市延风印装有限公司
装　　订:三河市宇新装订厂
787mm×1092mm　1/16　印张5½　字数131千字　2019年2月北京第1版第6次印刷

购书咨询:010-64518888　　　　　　售后服务:010-64518899
网　　址:http://www.cip.com.cn
凡购买本书,如有缺损质量问题,本社销售中心负责调换。

　定　　价:21.00元　　　　　　　　　　　　　　　　版权所有　违者必究

前　言

工程训练教学中常遇到这样的问题——课堂教学教师重理论知识的讲解，对实践教学环节则有轻视的倾向；而实践指导教师虽然操作熟练，但存在着"知其然，却不知其所以然"的现象，导致在指导学生习作、答疑方面没有一定的标准，甚至来自教职人员一方的回答自相冲突。因此，为了规范教学，促进实践教学质量的提高，使习题集批阅有统一的规范，使学生的成绩评定更加公平合理；同时，着眼于深化工程训练的教学改革，完成系列教材的科学化配备，为老师们提供一份教学参考，为担任实习指导的教师们在教学指导、答疑及批改作业时提供一点方便，我们对《工程训练报告》所有的习题给出了参考答案和评分标准，即编成本书。

教学，虽教在前，但最终目标还是为学生。写书要利于学生学，方便学生用，是笔者孜孜以求的目标。为帮助同学们进行课后复习，本书与工程训练的内容保持严格一致，便于同学们对工程训练内容知识掌握得更加深入、细致，利于自我考核、自我评价，本书在此方面能起到一定的释疑解惑作用。

由于工程材料及其加工工艺方法受生产条件、生产批量、精度要求、经济条件等诸多因素限制，方法繁多，难以确定一个放之四海而皆准的答案。本书提供的答案只能作为市场经济条件下多品种单件、小批量的经济精度生产方式中的传统加工方法之一加以参考。

关于书中的"评分标准"，是编者限于机类学生选做题量提供的评分方式，对于近机类、非机类同学由于选做量不同，分值也是不同的；还有，题前标有"★"符号的是实习现场课堂讨论工艺题，评分标准均可由各位指导教师自行确定，本书未作规定。书中的题（图）号系指《工程训练报告》中对应的题号。

此书由刘科高、崔明铎承担主要编写工作。参与本书编写的人员还有：王玉太、张坤、张爱武、米丰敏、郭艳君、崔浩新等。吕怡方担任主审并对本书稿进行了详细审阅，提出了许多宝贵意见，在此表示衷心感谢。由于水平所限，不当之处，恳请同仁批评指正。

编者
2014 年 1 月

目 录

总　　则

一、《工程训练》的目的、任务与考核

(一)《工程训练》(金工实习)的目的

通过工程训练,学生可获得工业产品制造工艺的基本知识,建立产品制造生产工艺过程的概念,初步具有工艺操作技能和分析问题的能力,初步建立市场、信息、质量、成本、效益、安全、环保等大工程意识,为学习后续课程和今后的工作打下必要的背景知识实践基础。本训练应达到下列要求。

1. 《工程训练》是一门实践性很强的技术基础课,是学生学习《工程材料工艺学》、《机械设计基础》、《机器制造学》、《机械工程学》等机械工程、电气工程类系列课程必不可少的先修课程,也是建立工程制造生产过程概念、获得产品制造工艺基本知识的奠基课程。

通过"工程训练",初步使学生建立起基本工程素质和基本技能,树立开拓思维、成形意识和创新精神,为学生今后的创新发展奠定坚实的基础。

2. 了解工程材料毛坯成形和零件常用加工方法,了解所用设备和工艺操作方法,具有初步的操作技能,学会正确使用常用的工、量、卡具。

3. 《工程训练》强调以实践教学为主,学生要进行独立的实践操作,在训练过程中要有机地将基本工艺理论、基本工艺知识和基本工艺实践结合起来,同时重视学生工艺实践技能的提高。

在《工程训练》中既要防止片面强调以操作为主的学习模式,又要反对不重视参加实践操作的倾向。

4. 树立热爱劳动、遵守操作规程、爱护设备、厉行节约的职业道德。建立环境保护、工业安全、文明生产和经济分析的现代观念,通过工程训练促进青年学生"学会做人、学会学习、学会做事、学会生活",把工程训练的过程变成全面贯彻落实素质教育的过程。

(二)《工程训练》的常规任务

《工程训练》的课程常规任务即金工实习的实践教学要求,概述如下。

1. 使学生了解现代制造工艺的一般过程和基本知识;熟悉机器零件的常用毛坯成形和加工方法及其所用的主要设备和工具;了解新工艺、新技术、新材料在现代制造业中的应用。

2. 对简单零件初步具有选择加工方式和进行工艺分析的能力;在主要工种(对给排水、环境工程、热能、建筑、市政工程等专业有钳工、管工和焊接)方

面应能独立完成简单零件的加工制造和在工艺实验中的实践能力。

3. 完成训练指导教师布置的作业是综合运用所学过的知识培养分析和解决问题的能力的基本训练，是对所学知识的消化、吸收与升华。

4. 充分利用实习培训中心产学研结合的良好条件，培养学生生产质量和经济观念、理论联系实际的科学作风、遵守安全技术操作、热爱劳动、尝试基层劳动者的艰辛、珍惜财物及体会"人长大要反哺父母、回报社会"的观点等基本素质。

(三) 考核（要求）

1. 基本技能、安全操作技术等方面由现场指导教师评定。
2. 基本知识、综合表现根据综合作业、实习报告及实习考核成绩确定。
3. 以上两部分内容综合确定学生的实习成绩。

二、《工程训练》教学的指导思想

从事《工程训练》教学的指导人员必须树立明确的教学指导思想，积极地推动《工程训练》的教学改革和教学建设。

(一)《工程训练》的教学内容和教学方法的改革要求

由于高新技术不断渗入传统的制造领域，传统的机械制造技术发生了质的变化。作为现代产品制造工艺基础实践教学的《工程训练》必须高起点、大力度地改革陈旧落后的教学内容。在传统的机械制造基础的基本内容上增加新技术、新工艺、新材料的知识和合作能力、公关能力、组织管理能力、分析和解决问题能力、心理承受能力、自学能力、创造能力等非技术性的综合能力，使之适应社会现实对人才培养的需求。

(二)《工程训练》的教学要求

《工程训练》要确立以实践教学为主，重视实践技能训练的教学要求。

《工程训练》的实践教学应在一定的理论指导下，通过实践技能的训练、《工程训练》实验、工程训练中的工艺实践、工艺分析等多方面的教学将三者融为一体。强调综合性和整体性的实践教学，改变过去片面强调以操作训练为主的实习。同时在实习过程中注意调动学生的学习积极性和创新能力的培养，使其在《工程训练》的实践教学中学会获取工艺实践知识和提高实践技能的能力。

(三)《工程训练》的教学改革

历史发展，社会进步，各高校工程训练中心纷纷以现代制造技术、常规制造加工技术、电工电子、综合创新等训练实验为主线，构建了一系列完整的工程培训平台，实现了对学生工程实践能力的训练、创新思维和工程意识的培养，提高了学生的整体素质。工程训练中心已成为本科生进行工程素质教育和技能培训重要的、必不可少的实践性教学基地。各工程训练中心的建设理念改革的主方向如下。

1. 突出能力培养，强化岗位的适应性，并积极改革实践环节，将强化能力作为基本指导思想和实施原则；同时，由狭义的操作技能上升到多元才能，加强学生关键能力的培养，帮助学生形成可持续发展的能力。

2. 改革实践教学的形式和内容，不断增设综合性、创新性实验和研究型实验项目，提升学生创新精神和创新能力。

3. 实现训练室开放及现代化教学管理，利用学校网站，学生可以进行网络预习、准备、下载训练内容和相关应用软件；教师可以通过网络与学生开展互动交流、成绩管理等实践教学活动，将工程训练中心最终实现"全面开放"。

4. 重视加强与各院系、企事业单位及科研部门的联系，积极承担横向、纵向科研课题，使工程训练与科研、工程和社会应用实践紧密地结合起来。

5. 加强师资队伍建设，优化教师结构，进一步做好教学研究和科学研究。

相应的《工程训练》教学内容也应不断改革，在普通高等学校这种改革应遵循教学和科学发展的规律，处理好以下几个主要关系。

1. 处理好传统内容和现代化内容的关系，即继承和创新的关系。

作为《工程训练》的教学内容大多应该是较为成熟和稳定的基础知识，并且能展现和体现现代科技发展及先进的工业生产水平。但现在不少学校的《工程训练》教学内容有些已陈旧落后，已到了非改不可的地步。同时也应认识到不可能将当代有关的先进科技内容都作为教学内容包含进去，故需要认真研究、分析比较、实践探索。因此在改革《工程训练》陈旧落后的教学内容上态度必须积极坚决，在落实措施上既要大刀阔斧又应稳妥仔细，逐步改革，不断创新。

2. 处理好传授知识和培养能力的关系。

《工程训练》的教学内容应重视加强基础、重视实践，反映出一定的科学性和实践性。教学过程应着重于实践、分析、综合，启发学生的思路，注意培养学生实践创新精神和解决问题的能力。

3. 《工程训练》应有较完整的教学内容。

近年来由于新专业的不断涌现，课程设置的改变，迫切要求在《工程训练》的教学内容中能给予学生一定量的、比较完整的现代制造工艺基础知识。从培养学生的综合分析能力、开拓思维和创新精神出发，这样做都较为有利。同时也为《工程材料及其成形基础》系列课程部分教学内容结合《工程训练》进行教学创造一定的条件。

(四) 工程训练内容具体改革与实践

1. 基础的、传统的内容要优化 如车工实习直接选用机夹不重磨刀具，不必再安排"磨刀"，腾出时间更多安排更深入的内容训练，如强化"螺纹加工"训练；钳工实习中的"斩口锤"的锉削应以铣、刨出两个互为直角的平面坯料为基础，减少学生的锉削工作量（降低体力劳动量，爱护学生参加训练的积极性），增加扩削、铰削与刮削等的实践内容。

2. 综合性、应用性、实践性的内容应该增加 如"拆装"综合训练了学生的读图能力、动手能力，通过对机器结构的"亲密接触"和深入了解中，增强了学生的集体观念和合作意识，青年学生非常喜欢。故而，应该强化。

3. 陈旧过时的内容和实习方式（包括教学方式）应该不断更新 如铣、刨实习应结合后续工种（如斩口锤加工）相关内容"有的放矢"的进行；在教学方式上可以尝试，边讲边实践，根据学生操作实际情况，适时穿插讲授，逐步改变"讲完课就'放羊'"的习惯模式。

4. 可有可无的内容应该删除 现场训练中理论知识尽量少讲，留给课堂教学去发挥；繁琐的内容应该精减或运用多媒体方式介绍，如机器牌号与结构可以结合实物进行简介，机床分类不必展开讨论；刀具角度够用为止，相关工种的共同基础知识（如切削基础知识），通过归纳合并，可由专人或开始工种统一讲授，使相同内容减少重复讲授。

5. 可进行实验与研讨的内容应该大大充实。

工程材料与热处理训练中的常用碳钢的平衡组织观察、钢的热处理及热处理后的显微组织观察、常用工程材料的显微组织观察、金属材料实用鉴别方法和硬度计的使用等。

铸工训练的流动性实验、铸造工艺讨论、造型方法选择、浇注系统作用、铸件质量分析等。

锻压训练中的锻造性能比较实验、锻造流线组织观察分析、自由锻件与模锻件的结构比较、简单模具设计及注塑件制作等。

焊接训练可以开展焊条电弧焊焊接工艺实验、药皮焊条与无药皮焊条性能比较实验、焊接变形观察与分析实验、低碳钢与铸铁焊接性比较、连接技术综合实验、特种焊接实验（点焊、吸锡拔焊、等离子焊、超声波焊接）等。

切削基础知识中的不同刀具角度、切削用量和工件材料对加工表面粗糙度的影响，不同切削速度对刀具后面磨损量的影响。

钳工训练中的刀具磨损与耐用度实验、普通卧式车床几何精度检验、小产品自创意综合实验（自行设计-自己加工-自己装配等）。

管工训练可以进行水压实验；区域暖气片安装与检验。

车工训练中的车刀主要角度测量、轴类零件加工工艺分析。

刨工训练中的 V 形槽、T 形槽及燕尾槽工艺比较。

铣工训练中的圆柱铣刀与面铣刀铣削平面的加工质量和生产率比较、铣齿和滚齿的加工质量与生产率的比较。

各工种都可以结合自己工种特点充实实验带教学、实验促教学的研究活动，也可开展综合实验（或工艺专题研讨），如加工方法的选用及分析比较综合实验（刨削、铣削、NC铣削；内孔的钻-孔-铰，常规加工与现代加工）、立体造型创新实验等。

6. 作为技术基础课的教学内容宜广不宜深，并适当增加开阔视野的内容。

注意防止过分地向专业教学内容扩展，如数控铣，由于数控知识内容相对复杂，对实习时间较短的专业只开展些演示、观摩即可；或只限于指导教师调整好机床，指导学生进行部分简单的零件铣削练习。

三、《工程训练》教学基本要求的表达层次

本书各章所列教学基本要求和具体教学内容皆根据认知的层次按以下三个方面予以说明（详见表0-1）。

表0-1　部分不同专业工程训练对象与工种模式对应参照

项目	机制	车辆	材料	成型	光电	光信	通信	热动建环	水工环工	计算机	艺术	工业设计	工业管理
工业认知	A	A	A	A	A	A	A	A	A	A	A	A	A
钳工	A	A	A	A	B	B	B	A	A	B	A	B	C
拆装	C	A	A	A									D
车工	A	A	A	A	D	D	D	A	D	B	A		C
铣工	A	A	A	A	D	D	D	D	D	D	D	D	C
磨工	A	A	A	A	D	D	D	D	D	D	D	D	C
刨工	A	A	A	A	D	D	D	D	D	D	D	D	C
铸造	A	A	A	A									C
锻压	A	A	A	A					C				C
焊接	A	A	A	A	D	D		A	A		D	D	C
管工								A	A				
数控车	A	A	A	A									
数控铣	A	A	A	A									
数控切割	A	A	A	A									
塑料加工			C	C				C	C	C	D		D
现场演示					D	D	D					D	D

注：表中字符代表不同专业对训练内容的要求级别。A—熟练掌握并正确应用；B——一般掌握；C——一般了解；D—现场观摩。

1. 了解。指对知识有初步和一般的认识，包括通过教师演示，学生观摩。

2. 熟知。指在了解的基础上对知识有较深入的认识，并具有初步运用的能力。

3. 掌握。指在熟悉的基础上对知识有具体和深入的认识，并具有一定的分析和运用能力。

以车削训练为例：

1. 熟知车床加工的范围、能解说车床的型号含义、基本了解车床的结构、传动路线，了解其他类型的车床。

2. 初步掌握车刀的种类，基本选用、有独立车削一般简单零件的操作技能。

3. 基本掌握工件在车床上的安装及其车床常用附件的应用。

4. 基本掌握车床的基本车削方法中的车端面、外圆、台阶、切断、切槽、圆锥面、简单的螺纹车削及其他简单车削工艺技能。

5. 能按实习图纸的技术要求正确、合理地选择工具、夹具、量具及制定简单的车削工艺顺序。

四、《工程训练》教学方式

《工程训练》的教学方式可以从基础实践入手，通过示范、示教、设计、训练、实验和综合创新制作，模拟准工业生产环境，采取以初级训练、中级训练、高级训练和综合训练以及竞赛训练等多层次模块化教学手段加以开展（其具体开展顺序可按工种实践特点自行调整）。

1. 讲解

指导教师应反复研究教学基本要求（本书均用简明扼要的语句将教学基本要求写于各章首页），以便在总体上把握住本工种的中心内容，并合理地采用相应的教学方式，完成教学任务。教师在备课时应做以下准备。

① 按认知的层次和实习教学程序列出一章应讲解的知识点内容纲要和教学要求，每一章的讲解可归纳为若干个单元（一个或若干个知识点），讲授与实践演示由指导教师担任，基本在实习现场进行。

② 内容纲要应包含基本知识讲解、操作示范及实验讲解、新技术和新工艺介绍等，扩大知识面的讲座可借教模、挂图、多媒体、视频片等方式在教室进行。

③ 标明各项知识点讲解所需的参考时间（以分钟计），每次讲解时间以不超过 40 分钟为宜。

2. 示范

① 按认知层次和实习过程列出每工种应示范的内容和教学要求。

② 示范内容应包含操作技能示范、工艺方法示范以及工艺技能和实验演示等。

③ 标明各项示范所需的参考时间（以分钟计）。

④ 教案中写明示范工作地点、所需设备及实施条件，贯彻于整个实习过程。由指导教师在实习现场边示范，边讲解。

3. 技能训练

① 按实习过程列出学生工程训练的内容和教学要求。

② 学生实践内容应包含操作技能训练、工艺技术实验、工艺实践、工艺专题研讨等。

③ 标明完成各项实践所需的参考时间（以分钟计）。

④ 写明实践所需指导文件、设备和实施条件。

学生在指定的时间和岗位上完成实习件或产品零件，指导教师负责巡回指导。

4. 实验

由示范实验和学生本人独立完成的实验两部分组成。此项内容可有机地贯穿在有关的教学过程中。示范性实验更应与新技术、新工艺结合进行。

5. 工艺专题研讨

为了开拓学生思路，培养学生分析、综合和解决问题的能力，工程训练过程中安排一定次数的专题研讨。题类有以下几种。

① 示范、实验的分析研究【相关课题参见：（四）训练内容改革与实践所列】。

② 工艺实践（含多工种）的讨论总结。

③ 新技术、新工艺的评议。

④ 实践技能的研究讲评。

6. 其他教学形式

如情景和活动、开放式讨论、案例分析、现场调查、技能比赛、社会实践及观看教学录像片等类教学活动都可以扩大生产实践知识的视野，利用多种形式介绍新技术、新工艺等现代生产工艺，以弥补学校实践条件的不足。以观看教学录像为例，观看前应有简单的讲解、介绍，观看之后可向学生提出问题供其思考，也可作必要的观后讨论或考核。

7. 考核

整个工程训练过程应始终贯彻严格的教学考核制度，树立良好的教风、学风和考风。各工种必须有考核内容和考核要求。应知和应会的考核应强调分析综合能力的考核和实践技能的考核。

实习结束前的考核应实行教考分离。

五、《工程训练》常规教学法参考要点

1. 指导教师应衣着整齐，符合安全生产规定。

2. 指导教师应有完整的教案、讲稿，反复试讲，不断提高。

3. 教学挂图齐全，教模实物整洁无缺。

4. 板书整齐，图形正确，根据教学要求，事先严密规划。

5. 指导教师要讲普通话，语言简洁明了，讲解应有针对性，不讲题外话。

6. 指导教师讲解时应面向同学，眼观同学，注意掌握同学的听课情绪，并

注意启发学生思考。

7. 指导教师讲解时可以提问，引发学生深入思考，但应避免频繁的提问影响学生的视听。

8. 现场指导时，进行针对性的提问、检查、示范和讲解效果好。切忌随意离开岗位或随意休息，也不宜和学生进行过长的谈话（闲聊）。

9. 考核要按已定的标准严格公正地进行，评分时学生不得在现场，指导教师对待学生的成绩要持慎重态度，不得随意改变评分结果。

10. 每天或每轮同学实习后应作简单扼要的教学小结，研究改进措施。

六、《工程训练》的教学准备工作

1. 实习报告

① 按教学要求和考核要求列出学生独立完成实习报告的内容，同一工种实习报告的内容，在现有《工程训练报告》基础上应经常增添、变换，不必拘泥传统习惯。

② 实习报告的内容应包含工艺技术实验报告、工艺实践报告、工艺专题研讨报告以及新技术、新工艺综述等。

③ 可以标明完成有关实习报告所需的参考时间（以分钟计）。

④ 列出有关实习报告的范本供参考。

2. 考核与评分

① 列出本工种考核要求和考核内容。考核要求应与教学基本要求相应。同时应有学生参加实习时的学风考查、实习与《工程训练报告》内容讲评与答疑，也可分别进行。

② 考核内容应包含实习报告、实践技能考核和基本知识考核。考核内容应注意对学生分析问题和解决问题能力的培养以及对学生创新精神的诱导，并备有考核内容的参考题型。

③ 列出各自工种及工程训练终结考核所需时间。

④ 本工种的考核卷应附标准参考答案，并逐项注明评分标准。

3. 其他教学准备工作

指导教师应按上述要求编写必要的讲稿和教案。指导教师的教案是组织本工种工程训练的指导文件，应根据教学要求、教学内容和教学方式并按教学过程的顺序编写自己的教案。教案不强求统一的形式（教案撰写可因人而异，如青年教师应详写，新开课的教师还应写出"板书教案"，老教师可以简写等），但应包含教学大纲要求的基本内容。

训练 1　工程材料及热处理

【教学基本要求】

1. 掌握常用工程材料中金属与非金属材料的种类、牌号、性能及主要用途，识记钢铁材料的火花鉴别和硬度检测。

2. 了解热处理车间常用加热炉（箱式炉、盐浴炉、井式炉）的大致结构及温度控制方式与应用场合。

3. 熟悉整体热处理工艺方法（退火、正火、淬火、回火及渗碳）的基本操作及其应用，了解热处理的新技术、新工艺。

4. 了解热处理件的质量检验及主要缺陷的预防方法。

5. 熟知热处理生产的安全技术。

【重点和难点】

本章注意介绍工程材料及其热处理的基本知识。

1. 金属材料力学性能的重点：强度、塑性、硬度、塑性等。难点：在选材中的应用。

2. 合金相图的重点：Fe-C 合金中的基本组织。难点：Fe-C 合金相图分析。

3. 热处理概念的重点：热处理定义、目的及分类，普通热处理种类与区分，介绍热处理车间常用加热炉（箱式炉、盐浴炉、井式炉）的大致结构及温度控制方式与应用场合。难点：理解各种热处理基本操作，具有简单初步实践能力，学会观察"火候"判断温度。

4. 钢铁材料的重点：碳钢、合金钢的分类、牌号及常见生产、生活中金属材料应用举例，利用训练中心的设备、材料便利组织学生学习、识记钢铁材料的火花鉴别和硬度的检测技术。

【训练报告习题参考答案与评分标准】

一、单项选择题【每题1分，共10分】

题号	1	2	3	4	5	6	7	8	9	10
答案	D	C	B	C	A	A	D	D	B	A

二、多项选择题【每题1分，共10分】

题号	1	2	3	4	5
答案	ABDE	ABCDE	ABDE	ABC	ABE

三、判断题【每题1分，共10分】

题号	1	2	3	4	5	6	7	8	9	10
答案	N	Y	N	N	Y	Y	Y	N	Y	N

四、填空题【每空1分，少填或错填每空扣1分，共10分】

1. 碳钢，俗称碳素钢，新 GB 定名：非合金钢。
2. 按成分和工艺特点铝合金分为变形铝合金和铸造铝合金两类。
3. 通常所说青铜是以锡为主要添加元素的铜合金。
4. 陶瓷是用粉末冶金法生产的无机非金属材料。
5. 复合材料组成有基本相和增强相。
6. 碳钢室温平衡组织是两相混合物，塑性较低，变形困难。
7. 正火的作用与退火类似，但正火时的冷却速度比退火快。
8. 回火是钢件淬硬后，再加热、保温，然后冷却到室温的热处理工艺。
9. 由于 38CrMoAl 钢氮化后不需淬火，广泛用于精密齿轮、磨床主轴等重要精密零件。
10. 轿车、货车的表面涂装多应用聚酯树脂涂料。

五、问答题【分三个小题，共60分】

1. 实习的热处理车间使用的加热炉有哪几种；请记录其型号、最高工作温度、主要构成和主要适用场合于表1-1中。

答：盐浴炉、井式炉台车式炉、推杆式炉、转底式炉等。

表 1-1 加热炉参数【每空2分，共10分】

序号	加热炉名称	型号	最高工作温度	主要构成	主要使用场合
1	中温箱式电阻炉	RX-12-9	950℃	由炉壳、炉衬、热电偶孔、炉膛、炉门、炉门提升机构、电热元件及炉底板等组成	用于碳钢、合金钢件的退火、正火、淬火以及固体渗碳等，应用广泛
2					

2. 将在实习中做过的几种热处理工艺方法及测试结果按要求填入表1-2内。

表 1-2　热处理工艺参数【每空 1 分，共 20 分】

工件名称	材料牌号	热处理名称	加热温度℃	保温时间	冷却方式	硬度测试结果
【例】铸铁手轮	HT150	退火	880 ± 10	1.5min/mm	炉冷	150HBW
销轴	Q235	正火	900 ± 10	1.5min/mm	空冷	200HBW
斩口锤头	T7	淬火	800 ± 10	1.min/mm	油冷	50HRC
斩口锤头	T7	回火	$150\sim200$	2h	空冷	45HRC

3. 工件经淬火后为什么还要强调及时给予回火？回火温度高低如何选择及其应用（请填入题后表 1-3 内）。

答：其目的是稳定组织，减少内应力，降低脆性，获得所需性能。

表 1-3　回火种类及应用【每空 2 分，共 30 分】

回火方法	加热温度/℃	力学性能特点	应用范围	硬度
低温回火	$150\sim250$	高硬度、耐磨性	刃具、量具、冷冲模等	$58\sim65$HR
中温回火	$350\sim500$	高弹性、韧性	弹簧、钢丝绳等	$35\sim50$HRC
高温回火	$500\sim650$	良好的综合力学性能	连杆、齿轮及轴类	$20\sim30$HRC

★4. 低碳钢能否"淬上火"？为什么？【提示：首先弄清何为淬火，进而讨论"为什么"】

答：通常意义的"淬上火"是指淬火后的"淬硬性"达到一定值（如 HRC＞30）。由于碳钢 W_c＜0.2％时，板条状马氏体有良好的塑性和韧性，很难达到通常意义上的"硬"。

在生产中常采用低碳钢淬火加低温回火工艺，可获得低碳回火马氏体，能增强材料的强韧性。

★5. "水-油"双液淬火的操作要点是什么？【建议实习时在指导教师指导下做实验，记录体会；也可利用实习间隙查阅相关技术资料并总结；请教指导教师更是"捷径"】

答："水-油"双液淬火，又称"水淬油冷"是指将加热至奥氏体的碳钢件先淬火于冷却速度较快的水中，再待其冷却至稍高于 M_s 点时，再转入冷却速度较慢的油中。

水淬油冷的关键在于控制工件在水中停留时间；时间短，难以控制马氏体形成，工件不硬；时间过长，在水中已发生马氏体转变，失去双液淬火意义。

由实践经验总结出的操作要点。

（1）计算法：一般按 1s/3～5mm 估算，高碳钢及复杂件。

（2）水声法：工件淬入水中会发出"丝……丝"声，在此声由强变弱时，转入油中。

（3）振动法：工件淬入水中，通过拎钩工具，操作者手上会感到一种振动，当振动大为减弱时，出水入油。

★6. 固体渗碳时为什么用纸将工件包起来？【此为生产实际题，解题关键在于"包"字】

答：作用有二。第一，使工件不被氧化；第二，避免工件与碳粒直接接触，从而使工件不被灼热的碳粒烧成"麻子"。

★7. 工艺讨论题。【参照参考书分组讨论，将结果填入表 1-4】

分别用低碳钢（如汽车变速箱齿轮）和中碳钢（如普通车床变速箱传动齿轮）制造两种齿轮，要求齿面具有高硬度和高耐磨性而芯部具有较高的强度和韧性。

表 1-4　齿轮热处理工艺与性能

序号	齿轮材料	主要热处理工序	热处理后组织	热处理后性能	备注
1	低碳钢	渗碳＋淬火＋低温回火	M＋芯部 F＋少量 P	表面硬而耐磨,芯部韧性好	
2	中碳钢	整体调质或表面热处理	回火索氏体;表面淬火组织:马氏体＋芯部 F＋P	整体强度、韧性适中,不如低碳钢齿轮齿面耐磨	

训练 2 铸 造

【教学基本要求】

1. 了解砂型铸造生产过程。
2. 了解型（芯）砂的基本组成及其主要性能。
3. 分清模样、铸件与零件间的差别。
4. 熟练掌握手工两箱造型的工艺方法。
5. 了解分型面、浇注系统、金属熔炼与浇注工艺的基本概念。
6. 了解各种手工造型方法的应用场合。

【重点和难点】

1. 砂型铸造工艺基础的重点：结合实训车间的生产实物叙述讲解铸造含义、特点、应用、工艺过程，型砂应具备的特点、组成、应用及模样、铸件与零件间的差别。难点：铸造方法选用，了解工艺特点。

2. 重点要求每位学生要熟练掌握两箱造型、分模造型、活块造型、挖砂造型等基本造型方法及其应用场合，难点是弄清确定浇注位置及分型面的原则和方法。

3. 结合实训中的铸件实物指导学生分析浇注系统的作用、影响；讨论分析熔炼工序的作用、影响；常见的铸造缺陷的特征、产生原因、防止措施。尤其要学会鉴别孔穴类铸造缺陷。

4. 特种铸造简介

介绍金属型铸造、熔模铸造、压力铸造、离心铸造原理、特点和应用。

本章的教学重点应落实到分析铸件结构工艺性，使设计出铸件不仅满足使用要求，而且易制造，经济性好，为此，要求学生熟知铸造工艺知识，为铸件结构设计奠定基础。

【训练报告习题参考答案与评分标准】

一、单项选择题【每题1分，共10分】

题号	1	2	3	4	5	6	7	8	9	10
答案	D	B	D	A	A	B	A	A	A	C

二、多项选择题【每题1分，共10分】

题号	1	2	3	4	5
答案	ACD	BCDE	ABD	BD	ABDE

三、判断题【每题1分，共10分】

题号	1	2	3	4	5	6	7	8	9	10
答案	N	N	N	Y	N	Y	Y	N	N	N

四、填空题【每空1分，少填或错填每空扣1分，共10分】

1. 在铸造实习中所使用的修型工具有 镘勺（压勺）、镘刀 、提钩（或铜坯）等。
2. 活块造型在起模时须先取出模样主体，然后取出活块。
3. 型芯主要用来形成铸件的内腔或局部外形（或填写凸台或凹槽等）。
4. 利用与铸件截面相适应的木板代替模样进行造型，称为刮板造型。
5. 型芯在铸型中的定位主要依靠型芯头（简称芯头）。
6. 基本取代了高压造型机，与气冲造型机并行发展是静压造型机。
7. 熔模铸造的铸件不能太大、太长，否则蜡模易变形。

五、问答题【共60分】

1. 在表2-1中归纳改善砂型透气性方法。【要充分考虑配砂、造型、浇注等各方面因素】

表2-1 改善砂型透气性方法【少一条扣减1分，满分7分】

序　号	方　法
1	根据铸件及其材料,严格认真混制合格型(芯)砂
2	造型时不要忘记扎通气孔
3	浇铸之前,严格烘干砂型与芯子
4	安放出气冒口
5	将铸型安放在疏松的砂地上
6	浇铸时注意"引气"
7	根据铸件及其材料,严格认真混制合格型(芯)砂

2. 通气孔为什么不能扎通到模样？【少一条扣减1分，满分3分】

答：因为浇注时① 金属液会直入这些通气孔，而把通气孔堵孔，失去通气作用；

② 经常扎到模样，会造成模样的急剧损坏；

③ 造成砂型表面粗糙，影响铸件表面质量。

3. 在表 2-2 中归纳起模的要领。【归纳要领：按完整的工艺顺序，简明扼要，突出重点】

表 2-2　起模要领归纳【少一条扣减 2 分，满分 6 分】

顺序号	要　领　简　述
1	操作时要先用水笔在模样周边刷少量水,以减少落砂
2	接着用锤轻敲起模针,轻轻敲打模样,然后慢慢地将起模针垂直向上提起
3	待模样即将取出时,要快速取出,不要偏斜和摆动,免得将砂型破坏

4. 试分析铸型中的气体来源，将结果填入表 2-3 中。【自液态金属至型砂等依序讨论】

表 2-3　气体来源归纳【每小问 2 分，共 6 分】

序　号	气体的可能来源
1	金属液体冷却时,放出加热过程中吸收的气体
2	型砂中水分遇到高温蒸发变成蒸汽
3	型砂中的焊粉、油类等物质遇到高温液体后,燃烧产生大量气体

5. 在表 2-4 中填写模样、铸件以及加工后的零件三者之间，在形状和尺寸上的区别。【看书】

表 2-4　模样、型腔、铸件和零件之间的关系【少一条扣减 1 分，满分 12 分】

名称\特征	模样	型腔	铸件	零件
大小	大	大	小	最小
尺寸	大于铸件一个收缩率	与模样基本相同	比零件多一个加工余量	小于铸件
形状	包括型芯头、活块、外型芯等形状	与铸件凹凸相反	包括零件中小孔洞等不铸出的加工部分	符合零件尺寸和公差要求

☆6. 指图 2-1 中各铸件合理的造型方法。【少一条扣减 2 分，满分 12 分】

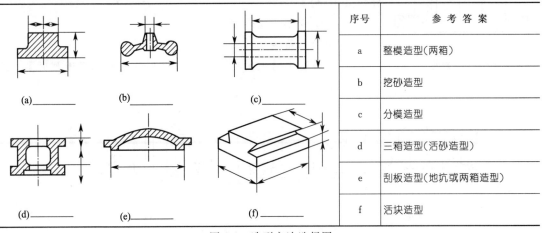

序号	参　考　答　案
a	整模造型(两箱)
b	挖砂造型
c	分模造型
d	三箱造型(活砂造型)
e	刮板造型(地坑或两箱造型)
f	活块造型

图 2-1　造型方法选择图

☆7. 怎样辨别气孔、缩孔、砂眼、渣眼四种缺陷？如何防止？用简单语言在表 2-5 中描述。【看书、理解、消化、归纳】

表 2-5　孔眼类铸造缺陷及其防止【每空 1 分，共 8 分】

序号	要求内容	特　征	防止措施
1	气孔	铸件内部或表面有大小不等的光滑孔洞	增加透气性、控制浇注温度、排气畅通
2	缩孔	在铸件厚断面处,形状不规则,孔内粗糙	浇注系统合理,降浇注温度,改铸件结构
3	砂眼	在铸件内部或表面有充塞砂粒的孔眼	合理的浇注系统,提高砂型强度;合箱时防止砂型损坏,以免型砂掉入型腔中
4	渣眼	孔形不规则,孔内充塞熔渣	高浇注温度,改进浇道尺寸起挡渣作用

☆8. 简述铸铝熔炼工艺过程，说明 ZL101 的含义，熔炼中加入何种熔剂、有何作用？铸铝（其他合金）浇注温度是多少？将结果填入表 2-6 中。

表 2-6　铸铝熔炼工艺【少一条扣减 1 分，满分 6 分】

序号	要求内容	回答内容	备　注
1	熔炼要点	①装料(顺序):铝锭,硅铝明,回炉料;待熔化后搅拌,以钟罩将镁锭压入 ②出气精练:六氯乙烷,处理温度 700~720℃(压成饼状分数次装入) ③变质处理:1%~2%的三元(或四元)变质剂,处理温度 730℃左右 ④扒渣浇铸:浇注温度 680~780℃	ZL101 是铸造铝硅合金的一种
2	ZL101 的含义	其中:ZL—铸铝;1—铝硅系;01—编号	
3	熔剂及作用	六氯乙烷用量 0.3%~0.6%;作用:形成 Cl_2、$AlCl_2$、Hl 气泡,将铝液中的气体及 Al_2O_3 夹杂物带出,使铝液净化	
4	浇注温度	680~780℃	

说明：实习中具体铝合金种类、质量有别，上述程序、用品、用量及温度亦有别。

★9. 写出如图 2-2 槽轮的几种分型方案。【写错或少写一条，①、②扣减 1 分，③扣减 2 分；画出三幅示意图，得 $2×3=6$ 分，共 10 分】

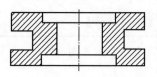

图 2-2　槽轮

答：① 分模三箱造型［图 2-2′(a)］；

② 分模三箱造型［图 2-2′(b)］；

③ 两箱造型【使用环形芯子大量造型用于机器造型时】［图 2-2′(c)］。

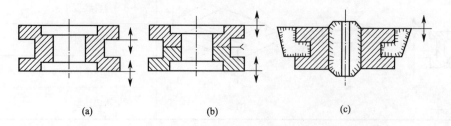

(a)　　　　　　　　(b)　　　　　　　　(c)

图 2-2′　槽轮-解答图

★10. 图 2-3 为某支架的零件简图，材料为普通灰口铸铁，大批生产。讨论确定其铸造工艺方案。【叙述要求图文并茂】

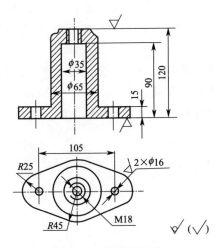

图 2-3 支架零件图

（1）工艺分析　该零件为尺寸不大的一般支承件，无特殊质量要求的表面。按常规，零件上 2×φ16mm 孔和 M18mm 螺孔不要求铸出，直接进行钻孔、攻螺纹。因 φ35mm 孔不进行机械加工，必须下型芯铸出。问题是该孔较深，且不贯穿，因此需要采用悬臂型芯，增加了铸造的难度。

（2）方案选择　此件考虑了 4 种可供选择的铸造工艺方案，如"图 2-3′造型方案解"所示。

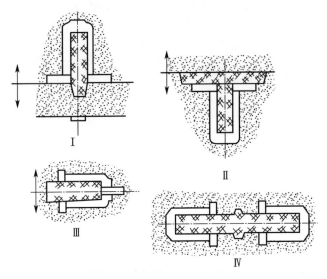

图 2-3′　造型方案解

方案Ⅰ为立铸，优点是采用整模造型，不会产生错箱；缺点是型芯在金属液的冲击下不够稳固，有可能偏斜或浮起，型芯上部又不宜采用芯撑加固（影响以后的螺孔加工）。为此，必须采用较长的芯头，并用铁丝型芯固定在下箱，这样芯子的安置比较费工。

方案Ⅱ是采用吊芯，将铸件全部置于下箱，它不仅具有立铸的前述优点，且便于排气；缺点是芯头过大，铸件成本较高，不适于此类小铸件的生产。

方案Ⅲ是卧铸（分模造型），在 M18mm 螺孔处铸出 ϕ10mm 左右的小孔，使型芯成为双支承。卧铸时可能产生的错箱缺陷，可通过砂箱的精确定位（采用定位销）加以解决。

方案Ⅳ为对称卧铸法，采用挑担式型芯，使之受力平衡。此方案由于造芯、下芯简便，一型铸双件，生产率高，铸件成本最低。

综上所述，方案Ⅲ、Ⅳ均可采用，但方案Ⅳ为最佳。

训练 3　锻　　压

【教学基本要求】

1. 了解金属压力加工的分类及锻造与冲压的基本工艺特点及应用。

2. 了解金属加热目的、温度范围、火色鉴别温度法、加热缺陷及锻件的冷却方式。

3. 熟悉机器自由锻的常用工具与设备；会操纵空气锤。

4. 基本掌握机器自由锻主要工序的操作。

5. 能区分自由锻、胎模锻和模锻等。

6. 了解冲压的主要工序；冲模的种类、结构、应用场合。

7. 了解常用锻压设备种类、工作原理、使用安全技术以及锻压技术的主要发展及新设备、新工艺。

【重点和难点】

1. 自由锻造工艺基础的重点：结合实训车间的生产实物叙述讲解自由锻的含义、特点、应用、机器自由锻基本工序及其主要工序工艺操作要领（演示）。难点：自由锻造方法应用，了解工艺特点。

2. 通过实际操作使学生知道金属加热目的、加热规范、火色鉴别温度法、加热缺陷及锻件的冷却方式，加热炉（手锻炉、室式炉、反射炉）构造的组成、应用特点。安全技术讲解。

3. 重点熟悉机器自由锻主要基本工序（拔长、镦粗、冲孔、扭转、弯曲、切割、错移）的操作及其应用，锻造车间主要设备及常用工具名称、用途、使用方法。难点是掌握基本锻件的工序制定原则和方法。

4. 简介胎模锻和模锻的特点，初步了解模锻件和胎膜锻件的区别与应用。

5. 了解冲压的主要工序、区分冲模的种类及应用场合，重视压力机使用安全技术讲解。

6. 特种锻造简介，介绍摆动辗压、爆炸成形、高速锻造、液态模锻、超塑性成形、粉末锻压、精密模锻原理、特点和应用。

本章的教学重点应落实在通过熟悉锻造工艺过程，使学生达到能自主分析自由锻件结构工艺性，在将来的生产设计中，使设计出的锻件不仅满足使用要求，而且易制造，经济性好。为此，要求学生充分利用工程实训熟知自由锻造工艺知识，为自由锻件结构设计奠定基础。

【训练报告习题参考答案与评分标准】

一、单项选择题【每题1分，共10分】

题号	1	2	3	4	5	6	7	8	9	10
答案	B	A	C	B	D	C	A	D	C	B

二、多项选择题【每题1分，共10分】

题号	1	2	3	4	5
答案	ABCDE	BCD	ABC	ABCDE	ABDE

三、判断题【每题1分，共10分】

题号	1	2	3	4	5	6	7	8	9	10
答案	Y	Y	N	Y	N	N	N	Y	Y	N

四、填空题【每空1分，少填或错填每空扣1分，共10分】

1. 将大直径坯料拔长为小直径坯料的基本过程是先打方再倒楞后摔圆。
2. 自由锻件工艺规程的拟定过程，一般是先绘制锻件图；后算坯料的质量和尺寸等。
3. 冲压生产只有在大批量生产时，冲压件成本才能降低。
4. 粉末锻压用于金属材料、非金属材料或金属与非金属混合材料的产品件。
5. 在锻造实习中必须牢记：锤头应做到"三不打"，即砧上无锻坯不打；工件未夹牢不打；过烧或已经冷却的坯料不打。
6. 锻造时加热的目的是提高金属的塑性，降低变形抗力，即提高金属的锻造性能。

五、问答题【共60分】

1. 通过表3-1的"对比内容"分析锻造（件）与铸造（件）的异同。

表3-1 锻造（件）与铸造（件）的异同比较【每空2分，共16分】

序号	对比内容	铸造	锻造
1	成形实质	铸造是液态成形，金属流动能力好，可得铸件，形状复杂	锻造是非液态成形，金属流动能力差，所得锻件形状较为简单
2	内部质量	铸态组织中有微裂纹、气孔、缩孔、枝晶偏析的缺陷，结构不够致密	锻后组织中的微裂纹、气孔、缩孔得到改善，枝晶偏析和非金属夹杂物的分布发生改变，结构致密
3	受力方向	砂型铸造为重力成形耐压，不抗拉	锻造流线分布更符合性能要求
4	材料性质	用于铸造的材料不必好的塑性	用于锻造的材料必须具有好的塑性

2. 按表 3-2 给定的钢号，选定锻件加热的温度范围，及相应的"火色"。

表 3-2　锻件锻造温度确定【每空 1 分，共 20 分】

序号	锻件钢号	始锻温度/℃	始锻火色	终锻温度/℃	终锻火色(参考)
1	Q235	1280	黄白色	700	暗红色
2	T10	1100	深黄	770	樱红
3	5CrMnMo	1180	淡黄	850	介于樱红与淡红间
4	W18Cr4V	1150	中黄	900	淡红
5	30Cr13	1150	中黄	850	介于樱红与淡红间

3. 根据图 3-1 所示空气锤的指引线数字，在表 3-3 中填写各部分名称。

表 3-3　空气锤部件名称【每少填、填错一空扣 1 分，共 10 分】

图样	序号	名称	序号	名称
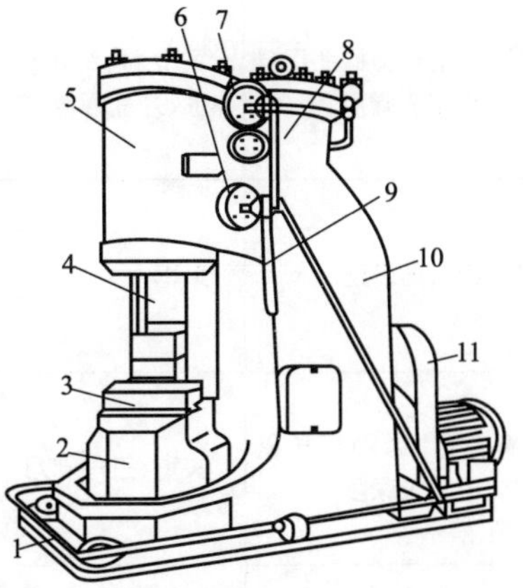	1	踏杆	7	上旋阀
	2	砧座	8	压缩缸
	3	砧垫	9	手柄
	4	锤头	10	锤身
	5	工作缸	11	减速机构
	6	下旋阀		

图 3-1　空气锤外形图

若该锤的型号为"C41-75"，那么"75"的具体含义是什么？【本空 4 分】

答：下落部分，即图中锤头、锤杆等零件的质量总和。

☆4. 通过表 3-4 的"比较内容"对胎模锻与自由锻进行对照，体会各自特点。

表 3-4　胎模锻与自由锻特点对比【每少填、填错一空扣 1 分，共 10 分】

序号	比较内容	胎模锻	自由锻
1	设备	自由锻设备	自由锻设备
2	工艺装备	专用简单模具	通用工具
3	工艺过程	工艺简单程序化	工艺复杂但灵活
4	锻件质量	形状复杂	形状简单
5	劳动条件	胎模放置,劳动强度大	相对小些

★5. 讨论分析，按表 3-5 所示答出图 3-2 所示羊角锤自由锻的工艺过程。【看图，按提示，想工序】

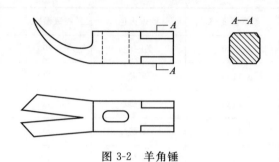

图 3-2 羊角锤

表 3-5 羊角锤自由锻的工艺过程

序号	工序	加工简图	操作方法	使用工具
1	下料、加热		根据材料性质确定加热温度	（锯床，加热炉）铁钩、夹钳
2	冲孔		使用定位盘，确定锤柄孔正确位置，料坯下置冲孔漏盘	定位盘、专用长圆形实心冲子、冲孔漏盘、夹钳
3	打八方		转动初打八方，再修正	夹钳
4	切割		确定切肩位置，运用三角剁刀，小心剁切至要求深度	夹钳、三角剁刀
5	错移		平展伸出锤舌	利用平口锤
6	拔长		拔出楔形锤舌	利用斜形专用砧座
7	切割	铁皮	在锤舌平整一面垫薄铁皮，使用三角剁刀切除"起钉口"	薄铁皮、夹钳、三角剁刀
8	切割（头）		整形；切去过长锤牙	夹钳、三角剁刀
9	弯曲		轻锤弯曲"起钉口"	夹钳

★6. 按图 3-3 所示双联齿轮零件图绘制其自由锻件图并在表 3-6 中填写自由锻工艺过程。

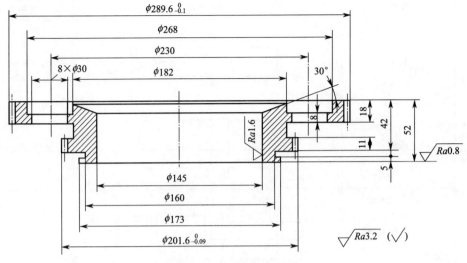

图 3-3　双联齿轮零件图

表 3-6　双联齿轮坯的自由锻工艺卡

序号	火次	工序	变形简图	使用设备、工具
1		下料、加热 始锻温度 1250℃		锯床、加热炉
2	1	(局部)镦粗		空气锤、局部镦粗漏盘、(火)夹钳、外径卡钳
3		冲孔		空气锤、冲子、冲孔漏盘、火夹钳加热炉
4	2	二次加热		加热炉、空气锤、夹钳、扩孔心轴、外径卡钳
5		扩孔、整形		

★7. 叙述表 3-7 所示阶梯轴的自由锻工艺。

表 3-7　阶梯轴的自由锻工艺卡

锻件名称	阶梯轴	每批锻件数	1
钢号	45	锻造温度范围	1200～800℃
锻件质量	790kg	锻造设备	5t 蒸汽锤
坯料质量	836kg	冷却方法	空冷
坯料尺寸	ϕ320mm×1040mm	生产数量	5

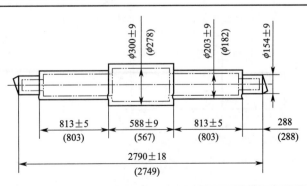

23

火次	工序	变形简图	使用工具
1	拔长	$\phi310$	上、下平砧
	压肩	405 575 405 $\phi310$	上、下平砧、三角刀
	拔长一端、压肩	813 $\phi203$	上、下平砧、三角刀
2	拔长另一端、切头	288 $\phi154$	上、下平砧、剁刀、圆弧垫铁
	调头、拔长各台阶、切头、修整	288 813 588 $\phi154$ $\phi203$ $\phi300$	上、下平砧、剁刀、圆弧垫铁

★8. 根据表 3-8 中给出的冲压件零件图进行工艺分析。

表 3-8　冲压件工艺分析

零件图	工序名称	工序简图
	落料 冲孔 折弯	（略）

训练 4 焊 接

【教学基本要求】

1. 掌握焊条电弧焊操作方法，能完成简单构件的平焊缝对接操作。
2. 熟知实习使用的焊接设备，会独立调节操作。
3. 了解焊条种类、组成及其规格；能简单选用焊条直径和焊接电源。
4. 了解常见焊接缺陷及产生原因与防止方法。
5. 学会气焊与气割工艺的基本操作，了解其他焊接方法的特点及应用。
6. 了解黏结技术的应用。

【重点和难点】

1. 焊接工艺基础的重点：结合实训车间的生产设备工具等与叙述讲解焊接的含义、特点、应用；焊条电弧焊接方法中，焊条电弧焊常用交、直流电弧焊机构造简介及电流调节；焊条的组成与作用；焊条电弧焊演示。难点：焊接方法熟练掌握与工艺规范的确定原则。

2. 重点熟悉常用焊条电弧焊的操作及其应用，初步掌握常见的焊接缺陷特征及产生原因；焊接车间主要焊接与切割设备及常用工具名称、用途、使用方法。难点是掌握常见焊件的焊接变形防止与变形校正原则和方法。

3. 力求学会焊接规范的选定，尤其是对焊条直径、焊接电流、焊接速度、坡口形式、接头形式和焊缝的空间位置的确定有初步认识与理解。

4. 气焊及气割简介，学生应学会气焊与气割操作；演示黏结与铆接技术等。强调焊接安全技术。

5. 焊接新技术及其发展简介，可通过观看录像片认识如钎焊、电阻焊、二氧化碳气体保护焊、氩弧焊、埋弧自动焊、摩擦焊、等离子弧焊接与切割、真空电弧焊接技术、窄间隙熔化极气体保护电弧焊技术、激光填料焊接、高速焊接技术、搅拌摩擦焊（FSW）、激光-电弧复合热源焊接等。

本章的教学重点应落实在通过熟悉焊接工艺过程，使学生达到能自主分析焊件结构工艺性，在将来的生产设计中，使设计出的焊件不仅能满足使用要求，而且易制造，经济性好。为此，要求学生充分利用工程实训熟知焊接工艺知识，为焊件结构设计奠定基础。

【训练报告习题参考答案与评分标准】

一、单项选择题【每题 1 分，共 10 分】

题号	1	2	3	4	5	6	7	8	9	10
答案	D	A	B	C	D	B	A	A	C	A

二、多项选择题【每题 2 分，共 10 分】

题号	1	2	3	4	5
答案	AC	ABCDE	BCD	ACD	ABCE

三、判断题【每题 1 分，共 10 分】

题号	1	2	3	4	5	6	7	8	9	10
答案	Y	Y	Y	Y	N	N	N	Y	N	N

四、填空题【每空 1 分，少填或错填每空扣 1 分，共 10 分】

1. 实习中使用的焊条电弧焊设备名称、型号为交流弧焊机 BX1-330 或其他型号；其初级电压380/220V；操作时采用的接法；无限制；空载电压＜90V；电流的调节范围为：50～300A。

2. 实习时使用的焊条型号为E4303；牌号为J422，焊条直径3.2(2.5)mm；采用的焊接电流为80～100A、焊接速度3～12mm/s。【大约每分钟 200～600mm】

五、问答题【共 60 分】

1. 结合图 4-1 所示焊条电弧焊过程，填表 4-1 总结实习中操作体会。

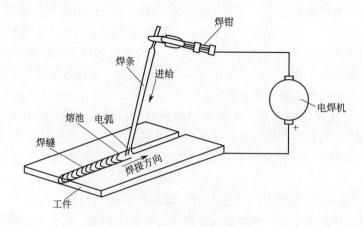

图 4-1　焊条电弧焊过程

表 4-1　焊条电弧焊操作体会【每小问（一行）2 分，共 10 分】

序号	项目	体会描述
1	焊接电流的确定依据	选用焊接电流的大小主要依据焊条直径和焊件厚度,其次与接头形式和焊接位置等
2	引弧的方法	引弧方法有撞击法、划擦法两种
3	对焊接熔池的观察	白亮色为金属溶池,其内金属液流动性好;黄红色、覆盖在金属溶池之上的为焊接熔渣,状态是黏稠的
4	对焊接速度的控制	焊接速度应根据焊件的厚度、焊接电流的大小、焊缝尺寸的要求、焊接位置等,是操作者在焊接中根据具体情况灵活掌握
5	焊接接头与焊缝的收弧	收弧动作:划圈收弧法、反复断弧收弧法、焊条后移收弧法

2. 实训时，试着用光焊丝进行焊条电弧焊接，观察、讨论现象，将结果填入表 4-2 中。

表 4-2　光焊丝实验讨论【每小问（一行）2 分，共 10 分】

序号	项目	体会描述
1	做此实验了吗?	做过或没有
2	实验观察与感受	电弧不稳定,引弧困难,飞溅严重,焊缝
3	分析气体保护状况	有害气体大量增加
4	分析元素烧损状况	大量有益元素烧损
5	分析焊缝力学性能状况	力学性能下降,特别是塑性、韧性及成形不好

☆3. 为了提高效率，能不能将钢板的多层焊改用粗条（＞6mm）单层焊来代替？为什么？【每小问 2 分，结论 1 分，共 11 分】

答：（1）不能代替。【2 分】

（2）焊条直径加大，电流相应加大几十倍。电流的猛增造成飞溅增多，咬边、烧穿缺陷严重。【2 分】

（3）电焊条发烫、烧红，药皮脱落。【2 分】

（4）烧毁电路或变压器以至危及人身安全。【2 分】

（5）熔渣不能紧紧覆盖在焊缝表面，焊缝表面粗糙，焊接质量差。【2 分】

所以欲用粗焊条来提高生产率是行不通的。【1 分】

4. 指出焊接工艺参数选择对焊缝成形（见图 4-2）及焊接质量的影响，并填入表 4-3 中。

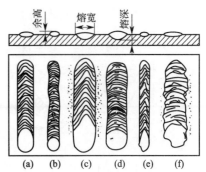

图 4-2　焊缝外观图

表 4-3 焊接工艺参数对焊缝形状影响【每小问（一行）2 分，共 10 分】

序号	焊缝状态描述	影响参数	对焊接质量的影响
(a)	形状规则,焊波均匀呈椭圆状	焊接电流与焊速合适	基本符合要求
(b)	焊波呈圆形,而且堆高增大,焊缝宽度和熔深都减小	电流太小,电弧不易引出	燃烧不稳定,弧声变弱
(c)	焊波变尖,焊缝宽度和熔深都增加	焊接电流太大,弧声强	飞溅多
(d)	焊波变圆而堆高、焊缝宽度和熔深都增加	焊接速度太慢	
(e)	焊波变尖,焊缝形状不规则且堆高	焊接速度太快	缝宽和熔深都减小
(f)	焊波变宽,焊缝熔深变浅,飞溅多	焊接电流太大,电弧过长	

5. 焊接实例讨论一：如图 4-3 所示，家用液化气罐，设计压力 1.5MPa，灌装 25kg 液化石油气，罐体材料为 Q345A-Z 钢，阀座材料为 20 钢，护板和底座材料为 Q235，大量生产。试将选用的焊接方法和焊接材料填入表 4-4。

表 4-4 焊接方法与材料的选择答案【评分标准：每小问（一行）2 分，共 8 分】

焊 缝	焊 接 方 法	焊 接 材 料
罐体中间的环焊缝	埋弧自动焊、CO_2气电焊	H08MnA＋焊剂 430
罐体与阀座的环焊缝	焊条电弧焊	E5015(J507)
罐体与护板的断续焊缝	焊条电弧焊	E4303(J422)
罐体与底座的断续焊缝	焊条电弧焊	E4303(J422)

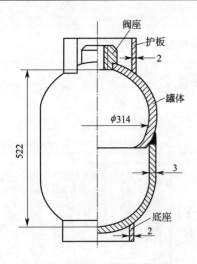

图 4-3 液化石油气罐结构图

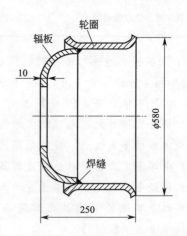

图 4-4 汽车轮毂结构图

☆6. 焊接实例讨论二：汽车车轮由轮圈和辐板组成，材料均为 Q235，如图 4-4 所示。大批量生产时，轮圈经卷制，再经焊接而成；轮圈与辐板用焊接为一体，请将选定的焊接方法与材料填表 4-5。（在相应位置画"√"即可）。

表 4-5 汽车轮圈焊接参数选定【每个"√"1分，共 3 分】

工艺内容 / 讨论项目		焊接方法						焊接材料						其他
		闪光对焊	电阻对焊	摩擦焊	焊条电弧焊	CO$_2$气保护焊	氩弧焊	J422	J507	J427	H08A	H08Mn2SiA	H08MnSiA	
		1	2	3	4	5	6	7	8	9	10	11	12	13
轮圈纵焊缝	A	√												
轮圈与辐板间焊缝	B					√						√		

☆7. 根据表 4-6 所列零件，合理选择焊接方法。

表 4-6 焊接方法的选择【每栏 1 分，共 8 分】

序号	焊 接 零 件	焊接方法/【评分标准】
1	汽车油箱(大量生产)	缝焊【1分】
2	45 钢车刀杆焊接硬质合金刀头	(铜)钎焊【1分】
3	麻花钻刀体与刀杆对接	摩擦焊、对焊【1分】
4	1mm 薄板搭接	气焊、点焊、缝焊【1分】
5	铝合金焊接	氩弧焊【1分】
6	黄铜件焊接	气焊、氩弧焊【1分】
7	铸铁汽缸体焊补	焊条电弧焊、气焊【1分】
8	角钢、槽钢组成的厂房桁架结构	焊条电弧焊【1分】

训练 5　管　　工

【教学基本要求】

1. 了解管工的基本知识，掌握套丝的操作方法。
2. 熟悉管工常用工具、设备的工作原理、结构和使用方法。
3. 熟悉管道附件的种类、结构、安装方法及其适用场合。
4. 熟悉管道系统水压试验的目的、要求和方法。
5. 初步掌握典型管道系统的安装。

【重点和难点】

1. 根据城市建设与规划建筑、土木工程、制冷工程、环境工程、化工工程等专业需求，将管工操作中各专业的通用基本知识作些介绍，结合工程训练，使同学们对建筑与化工行业的"血液循环"系统的敷设、安装全过程有一个初步的感性认识。

2. 重点讲解管子及管道附件标准化、管材种类、管螺纹及常用管件和阀门等基本常识。教学中可结合学习、生活的环境中涉及管道系统，叙述它们的公称通径测量，分析管子用材和制造方法。

3. 简介各类常见阀，通过拆装认识其结构，说明其作用。

4. 结合钳工实习中套丝与管工套丝工艺、工具差异进行比较教学。

5. 重点介绍管道系统水压试验的目的、要求和方法。

6. 掌握识读管路系统图并能按图施工，对常见典型管道系统的安装要熟练掌握。

本章的教学重点应落实在管工常用工具、设备的工作原理、结构和使用方法；熟悉管道附件的种类、结构、安装方法及其适用场合，为后续的社会实践奠定工艺技术基础知识。

【训练报告习题参考答案与评分标准】

一、单项选择题【每题1分，共10分】

题号	1	2	3	4	5	6	7	8	9	10
答案	B	D	C	A	C	A	B	A	D	C

二、多项选择题【每题2分，共10分】

题号	1	2	3	4	5
答案	BCDE	BCE	BCDE	BCDE	ABCDE

三、判断题（正确的在题干后面的括号内写"Y"，错误的写"N"）【每题1分，共10分】

题号	1	2	3	4	5	6	7	8	9	10
答案	N	Y	N	N	Y	N	N	N	Y	Y

四、填空题【每空1分，少填或错填每空扣1分，共10分】

1. 管子割刀切管子比手工快、平且方便，但管端部稍有外径胀大，内径<u>也有收缩</u>。
2. 热弯管前，但砂子必须经干燥处理，以免发生<u>蒸汽爆弹木塞伤人</u>。
3. 链钳用于安装场所狭窄又无法用管钳处，对 DN＝65mm 的管子，链钳选<u>600mm</u>。
4. 冷弯管器的操作比较简单，但要注意留有<u>弯曲回弹余地</u>。
5. 管子割刀仅适用于公称通径小于 <u>100mm</u> 的管子切割．
6. 对于可拆卸管道之间、管道与管件之间连接均采用<u>法兰连接</u>。
7. 为防止<u>板牙过度磨损</u>，使套丝省力又螺纹清整、端正，当 DN＞50mm 时<u>应套3次</u>。
8. 即使在热弯管时也应比样棒多弯<u>3°～5°</u>。因为热弯管冷却后亦有回弹。

五、问答题【共60分】

☆1. 在表 5-1 中总结管道螺纹连接的主要方式、常用工具、应用场合和注意事项。

表 5-1 管道螺纹连接的主要方式、常用工具、应用场合和注意事项【每项4分，共32分】

序号	项目		内　　容
1	主要方式		①短丝连接；②长丝连接
2	常用工具		管钳和链钳；自紧式管子钳；快速管子扳手等工具
3	应用场合		镀锌焊接钢管连接；非镀锌焊接钢管的连接；管道与螺纹阀件、仪表附件以及带管螺纹的机械管口的连接
4	连接填料		常用填料有麻丝、铅油、石棉绳、聚四氟乙烯密封带(俗称生料带)等
5	连接注意事项	①	加缠填料，缠绕方向须与螺旋方向相同，然后用手拧入 2～3 扣后，再用管钳一次拧紧，不得倒回反复拧，铸铁阀门或管件不得用力过猛，以免拧裂阀门或管件
		②	填料不能加得太多，螺纹外面的填料应及时清除；拆卸重装时应更换填料
		③	一氧化铅与甘油混合调和后，须在 10 分钟内用完，否则会硬化，不能再用
		④	选用合适的管钳或链钳，不得在管钳的手柄上加套管增长手柄拧紧管子

2. 在表 5-2 中注写图示各个阀门的名称、特点及应用场合。

表 5-2 常见阀门的名称、特点及应用场合【每项 2 分，共 24 分】

序号	阀门图例	阀门名称	特　点	应用场合
1		截止阀	密封性好，结构简单，可以调节流量，启闭操作容易，易于制造维修，但阻力大，只能用于单向流动的管道上	广泛用于高、中、低压管道，在蒸气等气体介质管道用于全启和全闭操作
2		对夹式蝶阀	变阀板的旋转角度，可分级控制流量，调节性能好，启闭迅速。结构简单，体积小，重量轻，尺寸小。大口径蝶阀启闭用电、液传动或涡轮传动，带扳手的蝶阀，可安在管道任何位置上	由于蝶阀的蝶板比较单薄，其密封圈材料一般采用橡胶，因而只能用于压力和温度较低的情况下
3		球阀	结构简单、体积小，重量轻，密封性好，介质流动阻力小，且流动方向不受限制	球阀的选用根据介质的品种和使用温度、工作压力
4		节流阀	通过启闭件改变通路截面积，调节流量、压力。构造与截止阀相似，阀杆上启闭件是一个整体，启闭件的升降与截止通道面积的改变成正比，能做到对介质流量和压力比较	节流阀在氨及氟利昂制冷管道及气动仪表管道中应用较多

☆3. 为了确保安全要在《工程训练报告》图 5-1 所示煤气管道系统上安装泄漏报警装置，请指出具体位置。【4 分】

答：应该安装在煤气表与室内用开关（旋塞或球阀）之间的适当位置。

★4. 通过管工实习，试述何谓管道系统的试压？简述试压方法与要求。【要参考更多的专业书】

答：管道安装完毕，经外观检查和无损检验合格后（未经除漆和绝热前），应按设计规定对管道系统进行压力试验，以检查管道系统及各连接部位的工程质量。

管道的试验与管道输送介质，作用不同而分为给水管道、庭院热力管道、燃气管道试验等多种。

以室内采暖系统的试压为例，又包括需隐蔽的管道及其附件在隐蔽前须水压试验；系统安装完毕最终试验。作好试验记录，合格后方可验收。

（1）室内采暖管道用试验压力 P_s 做强度试验，

（2）水压试验时，先升压试验，测强度合格否，降压至工作压力 P，以不渗不漏为严密性试验合格。

（3）水压试验时，应将试压泵（或利用系统循环泵）置于系统底部，以做到底部加压顶部排气。

（4）试验时，应拆去压力表等，以防污物堵塞。

★5. 观察学习、生活中用到的水表、煤气表和电表的结构、工作原理、作用有何异同？将结果填入表 5-3 中。

表 5-3　常见流量表结构原理与应用

序号	表类	主要结构	工作原理	作用
1	自来水表	水表由外向里可分为壳体、套筒、内芯三大件，内芯又分上中下三层，关键部件是叶轮带动"十进制数齿轮系"（有 18 根轴，34 个齿轮）累计叶轮转数	由流动水推动叶轮旋转，叶轮旋转一圈，就有一恒定量的水流过，通过计数装置累计叶轮旋转圈数，可得流水量	记录用水量
2	煤气表	家用煤（燃）气表种类很多，以"膜式"为例其结构主要有：外壳、机芯、计数器三部分组成	气表机芯里有个叶轮（铝制），煤气通过，叶轮转动，利用齿轮机构带动计数盘转动，显示用气量	记录用气量
3	电表	电表内里有一系列电流与电压线圈及计数装置组成	由电流与电压线圈共同对电表内的磁铁叠加交变磁场，使铝盘产生涡流，涡流反过来在磁场中推动铝盘旋转，通过计数装置记录用电量	记录用电量

★6. 对于许多刚刚完成的城建项目，就有人为其"扒路"。通过本课及实习的学习内容试构思设计"无沟渠施工"。【据报道国际无沟渠技术学会在 1986 年便已成立】

答：地下管线无沟渠施工是近二十年来国际上新兴的一种对环境无公害的地下管线施工技术。与明沟开挖相比，无沟渠施工技术可以减少道路开挖所造出的破坏和降低给社会带来的损害。无沟渠施工技术又叫非开挖施工技术，常用的技术形式有顶管施工、盾构施工、定向钻进、吃管和爆管等型隧道法、制导钻孔法等，但设备昂贵。总体看，地下管线无沟渠施工节约了社会的综合费用，是值得重视的，任何明开壕沟都会给城市带来巨大的破坏和经济损失，因此，无沟渠施工技术必然会随着政府官员的环保意识和社会整体意识的提高，更加受到人们的理解和重视。

【某大学市政与环境工程学院环工学生，张凯】

无沟渠施工技术是对管道进行定位、检测、改善维护和新建安装的成套技术工艺。这些技术工艺利用制导钻孔，微型隧道顶管、冲击成孔、夯管、破管技术。无沟渠施工技术综合成本低，工期短，对环境影响面小，在市政排水管网、通讯电缆、煤气、天然气管道及电力输送的管道工程项目中得以广泛应用。

训练 6　切削基础知识

【教学基本要求】

1. 熟悉金属切削基本知识中的切削运动、切削用量及其选择的一般原则。

2. 基本掌握机械加工中技术要求的内涵；熟知加工精度和表面粗糙度等基本概念在切削中的体现。

3. 了解技术要求中的几何公差概念。

4. 基本掌握常用量具的测量原理、构成和使用方法。

【重点和难点】

1. 本章内容属于加工成形各工种的共同基础知识，通过归纳合并，可安排专人或开始工种统一讲授，使相同内容减少重复讲授。

2. 在实训现场结合机床、刀具及各种工艺装备讲述切削成形的主要方法、分析车削、刨削、钻削及磨削方法的主运动和进给运动的运动主体（工件或刀具）及运动形式（旋转运动或直线运动）；切削要素、选择切削用量的原则是重点，应熟练掌握。

3. 对零件的技术要求包括表面粗糙度，如何表示；机械零件使用性能有何影响、尺寸精度、几何公差的概念，几何公差包括哪些项目、常用的符号表示和热处理方法与表面处理（如电镀）等几个方面知识有初步认识与理解内容是难点。

4. 结合实物现场讲述常用量具中的卡钳、钢尺、游标卡尺、千分尺、百分表、验规等的正确选择和使用方法；熟知常用游标卡尺和千分尺的测量精度；熟练掌握量具的合理使用与保养。

本章的教学重点内容是熟悉金属切削基本概念，使学生达到能自主分析所加工零件的技术要求、成形加工中切削要素的选用及量具的正确使用，为在后续的工程训练中，熟练掌握工艺技术奠定基础知识，要求学生充分利用工程训练车间的实物、参考书、练习册内容反复对照，仔细思考，熟知切削工艺知识，为各类零件结构的合理设计奠定工艺基础。

【训练报告习题参考答案与评分标准】

一、单项选择题【每题 1 分，共 10 分】

题号	1	2	3	4	5	6	7	8	9	10
答案	A	C	A	C	D	C	D	B	C	A

二、多项选择题【每题 4 分，共 20 分】

题号	1	2	3	4	5
答案	BCE	ABCDE	BCE	ACD	ABCE

三、判断题【每题 2 分，共 20 分】

题号	1	2	3	4	5	6	7	8	9	10
答案	N	Y	N	N	Y	Y	N	N	Y	Y

四、填空题【每空 1 分，少填或错填每空扣 2 分，共 20 分】

1. 切削就是利用切削工具从工件上切去多余的材料的加工方法。
2. 进给运动是使多余材料不断被投入切削，从而加工出完整表面所需的运动。
3. 表面粗糙度常用轮廓算术平均偏差 R_a 值来表示表面粗糙度。
4. 决定尺寸精度，即同一尺寸段的零件的精确程度是公差值的大小。
5. 对于同一基本尺寸的零件，公差数值从高到低依次加大，精度依次降低。
6. 切削时，刀具与工件之间必须有一定的相对运动。
7. 切削用量是切削前调整机床所必须使用的参数。
8. 精加工往往采用逐渐减小切深的方法来逐步提高加工精度。
9. 零件加工表面上具有的较小间距和峰谷所组成的微观几何形状特性称为表面粗糙度。
10. 机械加工时利用机械，对工件进行的各种加工方法。

五、问答题

1. 由表 6-1 中的图，说明游标卡尺的读数步骤与图例所示精度及尺寸是多少。

表 6-1　游标卡尺读数步骤与精度及尺寸【三步骤、两空各 2 分，共 10 分】

步骤		备 注
1	根据副尺零线以左的主尺上的最近刻度读出整数	
2	根据副尺零线以右与主尺某一刻线对准的刻度线乘以 0.02 读出小数	主、副尺每小格之差 = 1mm - 0.98mm = 0.02mm 是该游标卡尺的读数精度
3	将以上的整数和小数两部分尺寸相加即为总尺寸	
4	读数精度：0.02mm　上图中的读数为：23mm + 12 × 0.02mm = 23.24mm	

☆2. 读出图 6-1 所示千分尺所示尺寸。【两图各 5 分，共 10 分】

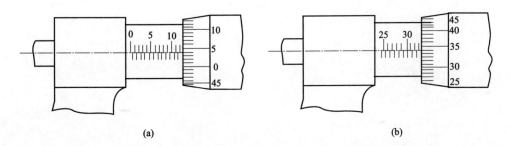

图 6-1　所示尺寸

(a)　12mm＋0.04mm＝12.04mm　　　(b)　32.5mm＋0.34mm＝32.84mm

☆3. 按表 6-2 中所给图例，说明在加工中是如何使用百分表进行检测的。

表 6-2　百分表应用图与文字解说【三图、两空各 2 分，共 10 分】

序号	百分表测量图	测量项目	配合工具
1		左图示是检查外圆对孔的径向圆跳动及端面对孔的端面圆跳动	百分表架 心轴
2		左图示是检查工件两相对平面的平行度	百分表架
3		左图示是在内圆磨床上用四爪单动卡盘安装工件时找正外圆	百分表架

训练 7　钳　　工

【教学基本要求】

1. 熟悉划线的目的和基本知识，正确使用划线工具，掌握平面和立体划线方法。
2. 熟悉锯切削和锉削的应用范围及其工具的名称、规格和选用。
3. 掌握锯削和锉削的基本操作方法及其安全知识。
4. 掌握钻孔工艺、钻头选用、钻床的操作及其安全知识。
5. 了解扩孔、铰孔、锪孔、攻丝、套丝及刮削等的应用及基本工艺过程。
6. 了解装配的概念、基本掌握拆装的技能，熟知装配质量的好坏对生产有何影响。

【重点和难点】

1. 基础知识　主要讲解：钳工的工艺范围及安全技术，台虎钳的结构与使用，通过实际操作，熟悉常用钳工工具，进行工件的装夹与测量练习。

2. 划线　讲解：划线的作用、如何选择划线基准，划线工具的使用与划线方法是重点。要熟练掌握平面划线，简单工件的立体划线是难点。

3. 锉削、锯削、刮研　重点讲解：锉刀的种类、用途及操作方法；手锯锯条的规格与安装，锯弓的构造，锯削不同材料、工件的锯法及操作要领；刮研工具，刮刀种类、研磨剂种类与应用、刮研工艺方法与应用属基本常识。锉平面、倒角，锯削斜面（加工经过刨、铣三平面的斩口锤毛坯）是重点内容；平面刮研属演示内容。

4. 钻孔、扩孔、铰孔　讲解：麻花钻构造与钻头切削部分几何角度作为难点内容可通过实物教具及视频片辅助说明，重点介绍常见各类钻头、扩孔钻头、铰刀与钻头、扩孔钻与铰刀的主要区别，钻床构造、类型与应用；钻头的装夹；钻孔、扩孔、铰孔工艺应有全面演示。钻孔、扩孔可结合斩口锤制作进行练习。

5. 攻螺纹和套螺纹　讲解：螺纹种类及各部分名称，攻螺纹和套螺纹前的底径和杆径确定，是难点，应结合演示说明。攻螺纹、套螺纹练习也可安排在斩口锤制作进行。

6. 机器装拆 讲解：装配概念及装配方法，根据装配图对机器（如车床、刨床、内燃机、摩托车等）进行拆卸、装配操作。

本章的教学重点应落实在钳工基本概念与操作，使学生达到能自主完成常见钳加工零件的加工。为在今后的社会生产实际中，能熟练完成简单零件工艺技术操作，参与生产、管理生产和指挥生产，合理设计各类零件结构奠定工艺基础。

【训练报告习题参考答案与评分标准】

一、单项选择题【每题 1 分，共 10 分】

题号	1	2	3	4	5	6	7	8	9	10
答案	C	D	B	D	B	A	D	D	A	C

二、多项选择题【每题 2，共 10 分】

题号	1	2	3	4	5
答案	ACE	ABCDE	AECB	CDE	ABCDE

三、判断题【每题 1 分，共 10 分】

题号	1	2	3	4	5	6	7	8	9	10
答案	N	N	Y	Y	N	N	N	Y	Y	N

四、填空题【每空 1 分，少填或错填每空扣 1 分，共 10 分】

1. 划卡又称单脚规，主要用来确定轴和孔的中心位置的。

2. 选择划线基准时，应尽量与设计基准重合，以提高划线效率和保证划线精度。

3. 对圆弧表面粗加工锉削时，主要用顺锉法。

4. 如果钻孔产生偏斜应及时纠正，对较小的孔，方法是：用样冲眼纠正。

5. 普通机用铰刀的特点是：工作部分最前段倒角较大。

6. 使铰削速度达 150m/min 的高速铰削使用的是单刃铰刀。

7. 锪钻按其切削部分的形状分为三种：圆锥形埋头锪钻、圆柱形埋头锪钻和端面锪钻。

8. 基于塑性变形原理的无屑加工已成为螺纹加工的主要方法。

9. 刮削能提高工件间的配合精度，形成存油空隙，减少摩擦阻力。

五、问答题【共 60 分】

1. 在表 7-1 中简述钳工的划线作用与分类有哪些？

表 7-1 钳工的划线作用与分类【每栏 2 分，共 10 分】

		内 容 简 述
划线作用	1	确定加工余量和各孔、槽等相互间的坐标位置,明确进一步加工的尺寸界线
	2	划线能够及时发现和处理不合格毛坯,避免多余的加工
	3	划线可使误差不大的毛坯得到补救,使加工后的零件仍能符合要求
分类		按工件形状不同,分为:平面划线,只在工件的一个表面上划线
		立体划线,同时在工件几个成不同角度(通常是互相垂直)的表面上划线

2. 用简单语言归纳锯削操作的"三部曲",填入表 7-2 内。

表 7-2 锯削操作的三部曲要领【每栏 2 分，共 6 分】

步骤	工序	锯削操作的"三部曲"内容
1	起锯	起锯分远起锯和近起锯,双手一前一后握锯,右手握锯柄,左手轻扶弓架前端,锯弓在锯削时,右手掌握,左手配合辅助。要掌握好起锯、锯削压力、速度和往复长度
2	锯切	锯弓作往复直线运动,不摆动;前进加压,用力匀,返回应轻轻划过工件,速度每分钟往复 30～60 次,锯削始终,压力和速度应减小。锯削时,用锯条全长工作
3	结束	快锯断时,用力应轻,以免碰伤手臂。锯缝如歪斜,不可强扭,应翻过 90 重起锯。工件应夹牢,虎钳夹持时,锯缝靠近钳口并与钳口垂直。小工件要夹紧又止变形

3. 钻孔时产生钻孔轴线歪斜的主要原因有哪些,填入表 7-3。

表 7-3 钻孔时产生钻孔轴线歪斜的主要原因归纳【每栏 1 分，共 5 分】

序号	造成钻孔轴线歪斜的主要因素
1	钻头与工件表面不垂直,钻床主轴与台面不垂直
2	横刃太长,轴向力过大造成钻头变形
3	钻头弯曲
4	进给量过大,致使小直径钻头弯曲
5	工件内部组织不均匀有孔眼类缺陷

4. 请在表 7-4 中"对图入座"填写相应的钻床工作。

表 7-4 钻床工作的图形与文字对照【每栏 0.5 分，共 4 分】

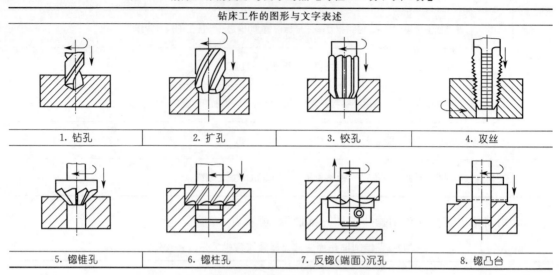

钻床工作的图形与文字表述			
1. 钻孔	2. 扩孔	3. 铰孔	4. 攻丝
5. 锪锥孔	6. 锪柱孔	7. 反锪（端面）沉孔	8. 锪凸台

☆5. 请在表 7-5 中，用简洁的语言归纳攻螺纹的工艺要点。

表 7-5 攻螺纹的工艺要点【每栏 2 分，共 8 分】

序号	工序名称	攻螺纹的操作方法
1	钻底孔	钻螺纹底孔，螺纹螺距 $P \leqslant 1.5\text{mm}$ 时，钻头直径 $d_2 \approx$ 螺纹直径 $d -$ 螺距 P；螺纹螺距 $P > 1.5\text{mm}$ 时，钻头直径 $d_2 \approx d - (1.04 - 1.08)P$
2	头攻丝	将丝锥铅垂地放入孔内，左手握手柄，右手握绞杠中间，适当加压，食指和中指夹住丝锥，顺时针方向转动，切入工件 $1 \sim 2$ 圈后，目测或直尺校准垂直，然后继续转动，每转 $1 \sim 1.5$ 周后要倒转 $1/4$ 周，以断屑和排屑
3	二三攻	先把丝锥放入孔内，旋入几扣后，再用绞杠转动，旋转绞杠时不需加压
4	要润滑	一定要使用润滑油以减少摩擦，降低螺纹的表面粗糙度，延长丝锥的寿命

☆6. 根据提示图示，在表 7-6 中填写图 7-1 所示轴承座毛坯的划线步骤及所用工具。

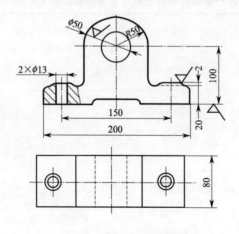

图 7-1 轴承座零件图

表 7-6　轴承座毛坯的划线步骤及所用工具【每栏 2 分，共 8 分】

序号	图形示意	操作内容	所用工具
1	【例】划线前的基础工作	看图纸、定基准、清疤刺、刷涂料	錾子、旧钢锉、刷子等
2		支撑并找正工件	划线平板（平台）、支撑工具、划针及划针盘
3		划出基准线，再划出与之平行的线	划线平板（平台）、支撑工具、划针及划针盘
4		翻转工件找正，再划出其他相互垂直的线。	圆规和划卡
5		再转工件找正，再划出其他相互垂直的线	划卡又称单脚规，用来确定轴和孔的中心位置的
6		检查划线正确与否，打样冲眼	

☆7. 请将钳工实习中制作斩口锤及锤柄的工艺过程和使用的主要工具记录于表 7-7 内，在表 7-8 中右栏填写所做小锤的尺寸、材料、表面粗糙度、几何公差及热处理等技术要求诸要素。【9 分】

表 7-7　斩口锤及锤柄主要制作工艺及工具【每少写条扣减 1 分，满分共 10 分】

序号	主要制作工艺	主要工具
1	下料，锯 $\phi18\text{mm}\times90\text{mm}$、$\phi8\text{mm}\times220\text{ mm}$ 圆棒料各一根（或已备好的料）	直尺、手锯、划线盘
2	锉四周（或余有两平面）及端面，注意各面的平直，相邻面的垂直与相对面平行	普通钢板锉
3	在上平面 50mm 右侧錾削或锯削 2～2.5mm 深槽	錾子或手锯、直尺、划线盘
4	划各加工线	直尺、划线盘
5	锉圆弧面 $R3$	圆锉
6	锯削 37mm 的长斜面	直尺、划线盘、手锯
7	锉斜面及圆弧 $R2$	圆锉

序号	主要制作工艺	主要工具
8	锉四边倒角和端面圆弧；对锤柄两端倒圆。	普通钢板锉、整形锉
9	先钻 M8 螺纹底孔 $d_2=8-P=8-1.25\approx6.8$mm，后锪 $1\times45°$锥坑	$\phi6.8$mm 钻头、锪钻、台钻
10	攻 M8 螺纹	M8 丝锥、普通铰杠
11	在锤柄一端套 M8 外螺纹，控制长度 16mm	M8 板牙和板牙架
12	装配，将锤柄装入锤头螺纹孔中，进行必要的修配(饰)	油光锉刀
13	检验	【可对锤头进行热处理】

表 7-8　斩口锤头与锤柄零件简图与技术条件

斩口锤头与锤柄零件简图	项　目	参　数
(a) 头　(b) 柄	锤头材料	T7(45)【1 分】
	锤头表面粗糙度	Ra 值$=6.3\sim3.2\mu$m【1 分】
	锤头位置精度	长方体之间及与锤底平面应垂直【1 分】
	锤头热处理	锤头两端 52～55HRC【1 分】
	锤柄材料	Q215【1 分】
	锤柄表面粗糙度	Ra 值$=6.3\sim3.2\mu$m【1 分】
	右图尺寸标注	少 3～5 个尺寸，酌情扣减 1 分【3 分】

★8. 试述自行车拆装的主要步骤。

通过指导老师简单介绍自行车及相关机械产品的制造装配过程及常用工具的使用方法，使同学们了解自行车的车体结构和自行车主要零部件的基本构造与组成，如车架部件、前叉部件、链条部件、前轴部件、中轴部件、后轴部件、飞轮部件等，增强对机械零件的感性认识；了解前轴部件、中轴部件、后轴部件的安装位置、定位和固定；初步学会使用拆装自行车所需的工具、设备、了解自行车的性能指标及制作方法等维修技术等。

自行车的拆装就是自行车的拆卸和装配，具体内容有：拆装自行车的前轴、中轴和后轴，并在拆装中了解轴承部件的结构，安装位置、定位和固定。

可以尝试把自行车拆卸到最零碎的程度，然后凭着拆卸过程的记忆和感知再把零件组装成完好无损能骑的自行车。

大学生在拆装过程中收获的不仅是技能，还有团队协作能力，也可以体验到工作者的辛勤劳作和收获劳动成果的喜悦！

训练 8　车　　工

【教学基本要求】

1. 熟知车床加工的范围，能解说训练中所使用车床的型号含义，基本了解车床的结构、传动路线，了解其他类型的车床。

2. 初步掌握车刀的种类、基本选用，有独立车削一般简单零件的操作技能。

3. 基本掌握工件在车床上的安装及其车床常用附件的应用。

4. 基本掌握车床基本车削方法中的车端面、外圆、台阶、切断、切槽、圆锥面、简单的螺纹车削及其他简单车削工艺技能。

5. 能按实习图纸的技术要求正确、合理地选择工、夹、量具及制定简单的车削工艺顺序。

【重点和难点】

1. 入门指导　讲解：机床构造及主要部件的名称、作用、操作方法，车床常用量具游标卡尺和千分尺的使用方法，工艺范围，安全技术及维护保养。根据指导师傅讲解内容指导学生空车练习，熟悉各手柄的功能、调整与操作。要求能做到车刀进退自如。熟悉量具使用。

2. 车外圆与端面　讲解：车刀的结构、主要角度、工件与刀具的安装，车外圆、车端面、钻中心孔的方法及演示。要求学生熟练掌握车端面，钻中心孔，车外圆及量具的测量技术。

3. 车槽与车断　讲解：车断刀的主要角度，安装，车断和车槽方法及演示。要求学生掌握：车断刀安装，车槽和车断练习。

4. 孔加工　讲解：钻头和车孔刀的主要角度、安装，加工通孔、不通孔、台阶孔的方法及通孔、不通孔、台阶孔的测量方法，钻孔和车孔刀的安装，钻孔和车孔练习。

5. 螺纹加工和成形面加工　讲解演示：螺纹的种类与相互配合条件；螺纹加工前的准备：外圆直径的要求、车刀特点与安装、车床的调整；车螺纹的步骤及其注意事项（此项内容属于教学难点）。实训操作要求：装夹工件、刀具，确定主轴转速和进给量后，在指导师傅检查指导下开车试切。

6. 工艺综合练习　能按实习图纸的技术要求正确、合理地选择工、夹、量具及制定简单的车削工艺顺序，并完成加工。

本章的教学重点应落实在通过熟悉车削基本概念，使学生达到能自主分析所加工零件的技术要求，基本掌握车削中切削要素的选用及刀具、量具的正确使用，为在后续的工程训练中，熟练掌握工艺技术奠定基础知识，要求学生充分利用工程训练车间的实物、参考书、练习册内容，反复对照，仔细思考，熟知切削工艺知识，为各类零件结构的合理设计奠定工艺基础。

【训练报告习题参考答案与评分标准】

一、单项选择题【每题1分，共10分】

题号	1	2	3	4	5	6	7	8	9	10
答案	C	B	A	D	B	D	A	D	A	B

二、多项选择题【每题2分，共10分】

题号	1	2	3	4	5
答案	ABCD	ABCDE	ACD	ABCE	ABE(D)

三、判断题【每题1分，共10分】

题号	1	2	3	4	5	6	7	8	9	10
答案	N	Y	Y	Y	Y	Y	Y	N	N	N

四、填空题【每空1分，少填或错填每空扣1分，共10分】

1. 由于车削过程连续平稳，一般车削可达尺寸精度为IT9～IT7。

2. CX5112A 是最大切削直径为1250mm，经第一次重大改进的数显单柱立式车床。

3. 车床滑板有大、中、小三层，其中小滑板是纵向车削较短的工件、圆锥面及调刀时使用的。

4. 立式车床特别适用于短而粗大的工件安装和加工。

5. 刀具静止参考系，又称标注参考系，它是刀具设计时标注、刃磨和测量的基准。

6. 在车刀刃磨使用砂轮机时注意有两条：一要选择砂轮；二讲刃磨步骤。

7. 在四爪卡盘上找正精度较高工件时，可用百分表来代替划针盘。

8. 防止细长轴车成腰鼓形，采取措施是：用中心架或跟刀架作为辅助支承。

9. 车圆弧沟槽或外圆端面沟槽关键在于车刀的形状与工件要求槽形一致。

五、问答题【60分】

1. 按表 8-1 所示指引数字，在表右栏填写 C6132 车床各部分名称。【共11处，共10分】

表 8-1 普通车床结构图

C6132 车床外形图		序号	部件名称	序号	部件名称
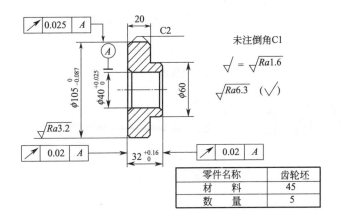		1	主轴箱	7	丝杠
		2	刀架	8	溜板箱
		3	尾座	9	左床腿
		4	床身	10	进给箱
		5	右床腿	11	变速机构
		6	光杠		

2. 根据车工实习的记忆在表 8-2 中填写车床常见传动类型的应用部位与主要功用。

表 8-2 车床常见传动类型的应用部位与主要功用【每项 2 分，共 10 分】

序号	传动类型	车床的所在部位	主要功用
1	带传动	主轴箱与电机	远距传递动力与转速，有过载打滑，保护电动机
2	齿轮传动	主轴箱、进给系统等	传递动力与转速、变换速度
3	蜗杆传动	溜板箱	传递动力与转速、变换速度，转速方向（空间垂直）转换
4	齿条传动	溜板与床身	传递动力与转速、改变运动形式（变转动为直线移动）
5	丝杠传动	床身导轨下	传递动力与转速、改变运动形式（变转动为直线移动）

☆3. 在表 8-3 中参照提示的图形，写出图 8-1 所示齿轮坯零件的加工工艺过程。

图 8-1 齿轮零件图

表 8-3　齿轮坯零件的加工工艺过程卡【每项 2 分，共 18 分】

工序	加工简图	加工内容	装夹方法	备注
1	（图略）	下料 ϕ110mm×36mm，共 5 件		
2		夹 ϕ110mm 外圆，悬长 20mm 车端面见平 车外圆 ϕ63mm×14mm	三爪卡盘	
3		夹外圆 ϕ63mm，粗车端面见平，外圆 至 ϕ107mm；钻孔 ϕ36mm； 粗精镗孔 ϕ40mm 至尺寸公差要求； 精车端面总长 33mm； 精车外圆 ϕ105mm 至尺寸公差要求； 倒内外角 1、2×45°	三爪卡盘	
4		夹外圆 ϕ105mm，垫铁皮、找正；精车 台阶面，保证 20mm 长 车小端面，保证总长 32.3mm 至尺寸 公差要求； 精车外圆 ϕ60mm×13mm 尺寸公差 要求 倒内外角 1、2×45°	三爪卡盘	

工序	加工简图	加工内容	装夹方法	备 注
5		车小端面 保证总长 32mm 尺寸公差要求	锥度心轴 顶尖卡箍	结束有条件 可对小端面 磨平
6		检验		

4. 车削螺纹的牙形要经过多次走刀才能完成，试"看图填字"完成表 8-4 的同时体会车螺纹的操作。

表 8-4　车床上车削螺纹的操作过程【每栏 2 分，共 12 分】

车床上车削螺纹的操作过程图形与文字表述

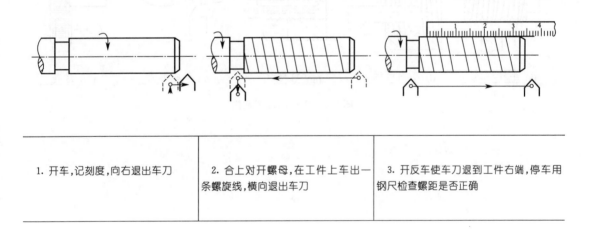

1. 开车,记刻度,向右退出车刀	2. 合上对开螺母,在工件上车出一条螺旋线,横向退出车刀	3. 开反车使车刀退到工件右端,停车用钢尺检查螺距是否正确

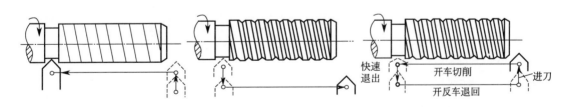

4. 利用刻度盘调整切深,开车切削	5. 车刀行之终了时,先快退刀,再停车,开反车退回刀架	6. 再次继续横向切深

5. 在图 8-2 所示各幅图例下填写具体工作内容。

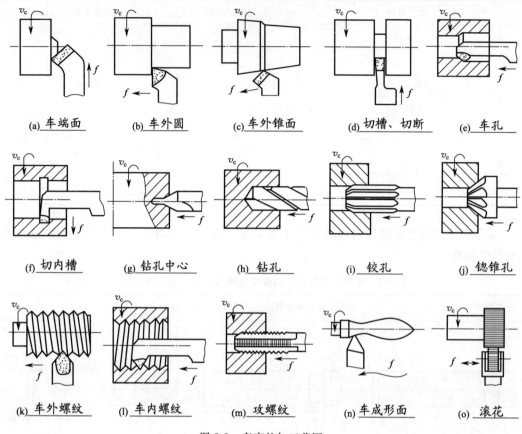

(a) 车端面　　(b) 车外圆　　(c) 车外锥面　　(d) 切槽、切断　　(e) 车孔

(f) 切内槽　　(g) 钻孔中心　　(h) 钻孔　　(i) 铰孔　　(j) 锪锥孔

(k) 车外螺纹　　(l) 车内螺纹　　(m) 攻螺纹　　(n) 车成形面　　(o) 滚花

图 8-2　车床的加工范围

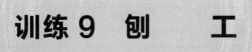

训练 9　刨　　工

【教学基本要求】

1. 了解刨削的工艺特点和应用范围。

2. 了解刨床常用刀具、夹具、附件的性能和使用方法。

3. 基本掌握牛头刨床的操作及主要机构调整；熟悉在牛头刨床上正确安装刀具与工件的方法，并掌握刨平面、垂直面和沟槽的方法与步骤。

4. 了解插床、拉床的结构及工艺特点。

【重点和难点】

1. 入门指导讲解：编号 B6065 刨床的字母和各数字的代表意义，牛头刨床的各个组成部分及其作用；结合机床实物讲解牛头刨床的主运动和进给运动及其主要加工范围，刨削特点；刨削平面时，牛头刨床的主运动和进给运动；此节作为重点讲清。

2. 结合车间实物简介龙门刨床和牛头刨床的运动有何不同，插床的运动特点等。

3. 利用实物教具比较刨刀和车刀各自特点、刨刀的各角度、刨刀的安装并使学生能熟练掌握。

4. 牛头刨床的刨削用量确定，刨削水平面、垂直面、斜面和 T 形槽时刀具和工件的装夹加工要点，刨削典型矩形工件的操作步骤是难点，可在综合工艺练习中逐步体会并掌握。

5. 简述拉削、插削工艺特点，拉床、插床的结构组成，拉刀的结构特点，拉孔时的注意事项，插削的应用。

6. 工艺综合练习　能按实习图纸的技术要求正确、合理地选择工、夹、量具及制定简单的刨削工艺顺序并完成加工（与相关工序结合进行）。

本章的教学重点应落实在通过熟悉刨削基本概念，使学生达到能自主分析所加工零件的技术要求，基本掌握刨削中切削要素的选用及刀具、量具的正确使用，为在后续的工程实训中，熟练掌握工艺技术奠定基础知识，要求学生充分利用工程实训车间的实物、参考书、练习册内容，反复对照，仔细思考，熟知切削工艺知识，为各类零件结构的合理设计奠定工艺基础。

【训练报告习题参考答案与评分标准】

一、单项选择题【每题1分，共10分】

题号	1	2	3	4	5	6	7	8	9	10
答案	C	B	B	C	D	A	D	C	D	D

二、多项选择题【每题2分，共10分】

题号	1	2	3	4	5
答案	ACD	CD	ABCE	ABD	ACD

三、判断题【每题1分，共10分】

题号	1	2	3	4	5	6	7	8	9	10
答案	Y	N	Y	Y	Y	N	Y	Y	N	Y

四、填空题【每空1分，少填或错填每空扣1分，共10分】

1. 编号 B6065 中的 65 为主参数，表示最大刨削长度的 1/10 。
2. 调整棘爪每次拨动棘轮的齿数，可调整横向进给量。
3. 龙门刨床因其框架呈"龙门"形状而称为龙门刨床。
4. 拉刀可以看作为一种变化的组合式刨刀。
5. 刨刀安装时，调节转盘对准零线，以控制吃刀深度，再调节刀架，使刀架下端面与转盘底侧基本相对。
6. 每次刨削进给中，已加工表面与待加工表面之间的垂直距离，称为刨削深度 a_p。
7. 垂直面的刨削是通过刀架作垂直进给运动来刨削，刨垂直面时须采用偏刀。
8. 刨斜面时，刨床刀架和刀座分别倾斜一定的角度，从上向下倾斜进给而刨削。

五、问答题【共60分】

1. 在表 9-1 中注写图示各机床的名称、组成及应用场合。

表 9-1 图示机床的名称注写、主要组成部分及应用场合
【每台机床7分，共26分，细分见表内注】

序号	机床外观图	名称	主要组成部分	应用场合
1		牛头刨床	①工作台 ②刀架 ③滑枕 ④床身 ⑤变速机构或进刀机构、横梁、底座等	牛头刨床主要应用于单件、小批量生产的中、小型零件加工，最大刨削长度不超过 1000mm，是刨削类机床中应用最广泛的一种 【组成每项1分，共8分】

序号	机床外观图	名称	主要组成部分	应用场合
2		龙门刨床	①床身 ②工作台减速箱 ③左、右立柱 ④横梁 ⑤左右垂直刀架 或工作台、液压安全器等	龙门刨床主要用来加工大型零件上长而窄的平面或大平面，如车身、机座、箱体等，也可同时加工多个中小型零件的小平面 【组成每项1分，共8分】
3		插床	①工作台 ②刀架 ③滑枕 ④床身 ⑤底座	插床主要加工工件的内表面，如方孔、多边形孔和孔内键槽、花键槽等，还可加工各种外表面。插床的效率较低，多用于单件小批量生产和修配工作 【组成每项1分，共8分】
4		拉床	①床身 ②刀架 ③液压部件 ④活塞拉杆	在拉床上用拉刀可加工各种型孔，还可用来拉削平面、键槽、花键、半圆弧面及其他组合表面 【组成每项1分，共6分】

☆2. 在表 9-2 中参照提示的图形，写出刨刀名称与用途。

表 9-2　刨刀名称与用途【每图1分，共8分】

刨刀应用场合图示与刨刀名称

1. 刨平面——平面刨刀【示例】	2. 刨垂直面——偏刀	3. 刨阶台——偏刀	4. 刨斜面——(角度)偏刀
5. 刨直槽—切刀	6. 切断——切刀	7. 刨 T 形槽——弯切刀	8. 刨成形面——成形刀

☆3. 在表 9-3 中参照提示的图形，写出刨削 T 形槽的工艺过程。

表 9-3　刨削 T 形槽的工艺过程【每项 2 分×7＝14 分】

工序	加工简图	加工内容	装夹方法
1	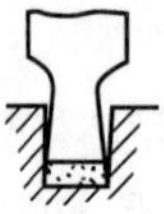	先将各关联平面刨削好,刨直槽-直槽刨刀,使宽度和深度等于 T 形槽槽口的宽度和 T 形槽的深度	①小型工件——机用平口钳来装夹 ②尺寸较大或形状特殊的工件——用压板、螺栓和垫铁将工件装夹在工作台上 ③大批量的工件或形状特殊的工件——专用夹具来装夹
2		用右弯头切刀刨削右侧凹槽,可以分几次进刀刨削,使槽壁平整,保证槽壁质量	
3	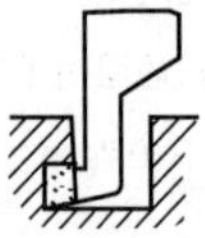	再用左弯头切刀刨削左侧凹槽	
4		用 45°刨刀倒角	

★4.V 形铁的端面形状见表 9-4 中图示。试述刨削 V 形槽的加工步骤。

表 9-4　刨削 V 形槽的加工步骤

工序	加工简图	加工内容	装夹方法	刀具选用
V形铁零件图	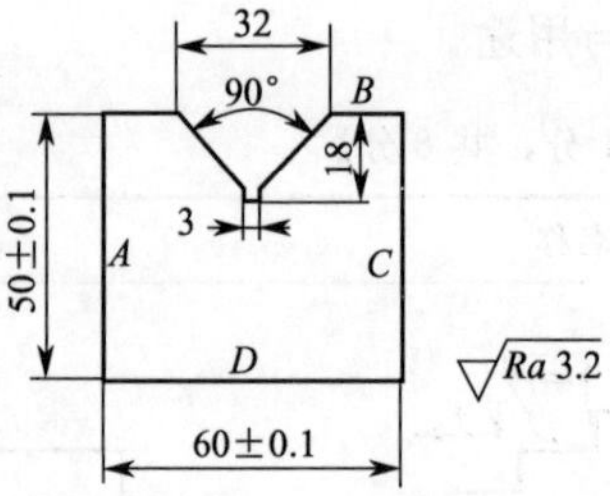	技术要求: 零件长 80mm; 表面粗糙度全部 Ra 值 3.2μm; 毛坯选用 105mm×75mm×55mm 的长方形 HT200		
1	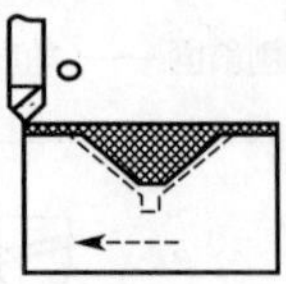	刨削坯料各面,划好 V 形槽的加工线;用尖头刨刀粗刨 V 形槽大部分余量,并精刨顶面	本件属于小件,可选用平口钳装夹,划线找正,注意使加工面高出钳口平面(为使底面贴实,可在坯料下面垫金属片)	粗刨时,用普通平面刨刀;精刨时,用圆头精刨刀
2	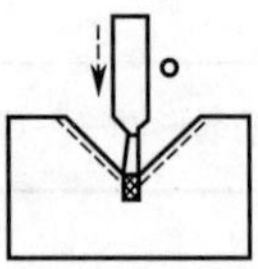	用切槽刀切出 V 形槽底部的直角槽,以利于刨削斜面	平口钳装夹	切槽刀

工序	加工简图	加工内容	装夹方法	刀具选用
3		用左偏刀刨 V 形槽的左侧面	平口钳装夹	左偏刀
4		用右偏刀刨 V 形槽的右侧面	平口钳装夹	右偏刀

5. 表 9-5 中图示两工件需刨削，请选择机床、刀具和装夹方法。

表 9-5　刨削工艺的设备刀具选用【每图 6 分，每项 2 分，共 12 分】

题号	待刨削零件简图	机床、刀具和装夹方法的选择
1. 刨平面		机床:牛头刨床 刀具:平面刨刀 装夹方法:平口钳或 V 形铁加压板
2. 刨沟槽		机床:龙门刨床 刀具:偏刀、平面刨刀 装夹方法:压板螺栓

训练 10 铣 工

【教学基本要求】

1. 了解铣削的工艺特点和应用范围。

2. 了解常用铣床附件的构造原理，会使用分度头、刀具及工具的性能、用途和使用方法。

3. 熟悉卧式和立式铣床的操作，掌握铣削简单零件表面的方法。

4. 了解常用齿面加工方法，了解插齿机、滚齿机的工作运动特点。

【重点和难点】

1. 入门指导讲解：编号 X6132（或其他型号）铣床的字母和各数字的代表意义，铣床的各个组成部分及其作用；结合实训车间机床实物讲解铣床的主运动和进给运动及其主要加工范围，铣削特点；逆铣和顺铣及其特点与应用作为重点讲清。

2. 结合车间实物介绍各类铣刀特点、区别与应用场合、铣床常用附件及其应用。

3. 分析"铣削力在时刻变化着"的观点，深化对铣削特点的理解认识，属于教学难点。

4. 掌握分度头的工作原理。学会简单分度。

5. 参观滚齿机、插齿机工作，对比铣齿，比较各自特点。

6. 在教学中注意从加工质量、生产效率、加工范围和成本费用等方面分析比较铣削与刨削加工的异同。

7. 工艺综合练习　能按实习图纸的技术要求正确、合理地选择工、夹、量具及制定简单的铣削工艺顺序并完成加工（与相关工序结合进行）。

本章的教学重点应落实在通过熟悉铣削基本概念，使学生达到能自主分析所加工零件的技术要求，基本掌握铣削中切削要素的选用及刀具、量具的正确使用，为在后续的工程实训中，熟练掌握工艺技术奠定基础知识，要求学生充分利用工程实训车间的实物、参考书、练习册内容，反复对照，仔细思考，熟知切削工艺知识，为各类零件结构的合理设计奠定工艺基础。

【训练报告习题参考答案与评分标准】

一、单项选择题【每题1分，共10分】

题号	1	2	3	4	5	6	7	8	9	10
答案	D	B	D	C	D	C	B	A	A	D

二、多项选择题【每题2分，共10分】

题号	1	2	3	4	5
答案	ABD	ABDE	CD	ABE	ABCDE

三、判断题【每题1分，共10分】

题号	1	2	3	4	5	6	7	8	9	10
答案	Y	N	Y	N①	N	Y	Y	N	N	Y

① 总体说是铣削效率高，但对窄而长的工件加工，刨削优于铣削。

四、填空题【每空1分，少填或错填每空扣1分，共10分】

1. 铣削时因铣刀的多刀齿不断的"切入切出"引起<u>铣削力</u>变化。
2. 铣床附件分度头的蜗杆蜗轮传动比为<u>40：1</u>。
3. 顺铣削时由于<u>工作台丝杠与螺母</u>之间隙，造成工作台"窜动"，甚至"打刀"。
4. 适合于内齿轮、双联齿轮及多联齿轮齿面的加工方法是<u>插齿</u>。
5. 如铣刀的锥度与主轴锥度不同，则需利用"<u>过渡锥套</u>"将铣刀装入主轴锥孔中。
6. 特形表面又可为两种类型：<u>而直母线较长的特形面称为成形面</u>。
7. 较宽的特形表面的成形铣刀一般为<u>组合式</u>。
8. 利用齿轮刀具与被切齿轮的啮合运动而切出齿轮齿面的加工称<u>展成法</u>。
9. 插齿刀形状类似圆柱齿轮，只是将轮齿都磨制成有<u>前角、后角</u>的切削刃。
10. 滚、插齿齿面加工不但精度和效率高，而且"<u>一个模数一把刀</u>"。

五、问答题

☆1. 在表 10-1 中简述顺铣与逆铣及其应用特点。

表 10-1　顺铣与逆铣及其应用特点【每21分，共14分】

序号	示　意　图	特　征　表　述
1		①逆铣时，每个刀齿的切削层厚度是从零增大到最大值 ②铣削力上抬工件，是造成振动的因素 ③工作中工作台丝杠始终压向螺母，不会造成工作台"窜动" ④实际生产中综合考虑，还是应用逆铣法较多

序号	示 意 图	特 征 表 述
2		①顺铣时,每个刀齿的切削厚度由最大减至零,铣削力总是将工件压向工作台,不易生成振动 ②在铣削水平分力 F_f 的作用下,工作台丝杠与螺母间的间隙会造成工作台"窜动",甚至造成"打刀" ③由分析对比知,从提高刀具耐用度、工件表面质量、稳定工件减少振动等观点看,一般以顺铣法为宜

2. 在表 10-2 中写出各个机床的名称、主要部件及应用场合。

表 10-2 机床的名称、主要部件及应用特点归纳【每项 4 分,组成、应用各占 2 分,共 24 分】

序号	机床外观图	名称	主要组成部分	应用场合
1		万能卧式铣床	①床身 ②变速机构 ③主轴 ④横梁 ⑤升降台或纵横工作台、底座、刀杆等	万能卧式铣床的适用性强,主要用于单件、小批生产中尺寸不大的工件
2		立式铣床	①立铣头 ②主轴 ③工作台等	立铣的刚度好,抗震性好,可以采用较大的铣削用量,加工时观察、调整铣刀位置方便,又便于装夹硬质合金端铣刀进行高速铣削。可以加工平面,各类沟槽等,应用广泛
3		圆台铣床	①底座 ②滑座 ③圆工作台 ④主轴箱	由于进给运动是圆工作台连续缓慢的转动。对中小型零件加工可连续进行。装卸工件的辅助时间与切削时间重合,效率很高。适用大批生产中铣削中小零件

序号	机床外观图	名称	主要组成部分	应用场合
4		龙门铣床	①床身与滑枕 ②左、右立柱 ③横梁 ④纵横铣头 ⑤控制电器箱	"龙门"框架上装置有四个独立电机带动的铣头,可以同时加工几个平面,生产效率较高。主要用于加工大型零件和中小型零件的成批加工
5		滚齿机	①立柱 ②刀架 ③支撑架 ④工作台 ⑤床身	滚齿除用于加工直齿圆柱齿轮外,还可以加工斜齿轮、蜗轮和链轮
6		插齿机	①刀架 ②横梁 ③工作台 ④床身	在插齿机上用插齿刀按展成法或成形法加工内、外齿轮或齿条的齿面

☆3. 填写表 10-3 中图示的铣床主要附件的名称、应用场合。

表 10-3　铣床附件的名称及应用场合【1、2 项 2 分，3、4 项 1 分，共 6 分】

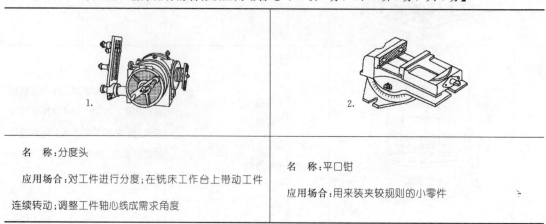

1.	2.
名　称:分度头	名　称:平口钳
应用场合:对工件进行分度;在铣床工作台上带动工件连续转动;调整工件轴心线成需求角度	应用场合:用来装夹较规则的小零件

3.	4. 
名　称:万能铣头 应用场合:完成立铣的工作,或将铣头主轴扳转为任意角度	名　称:回转工作台 应用场合:可以分度及铣削带圆弧曲线的外表面和圆弧沟槽的工件

☆4. 区分表10-4中所列图示中各带孔铣刀、带柄铣刀及其基本的应用场合。

表10-4　带孔、带柄铣刀及其基本应用场合【每项2分，名称1分，共16分】

序号	带孔、带柄铣刀及其基本应用场合
1	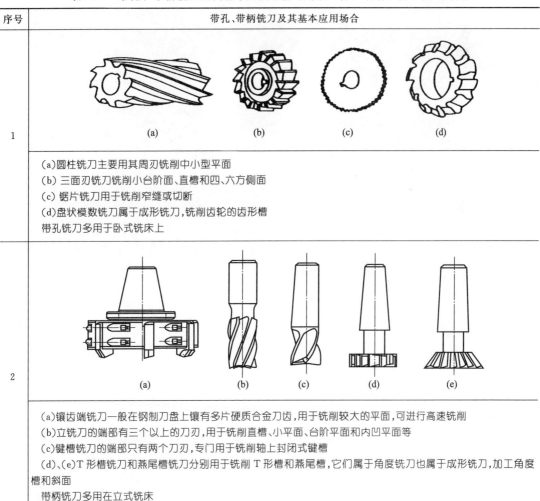 (a)　　　　(b)　　　　(c)　　　　(d) (a)圆柱铣刀主要用其周刃铣削中小型平面 (b)三面刃铣刀铣削小台阶面、直槽和四、六方侧面 (c)锯片铣刀用于铣削窄缝或切断 (d)盘状模数铣刀属于成形铣刀,铣削齿轮的齿形槽 带孔铣刀多用于卧式铣床上
2	(a)　　(b)　　(c)　　(d)　　(e) (a)镶齿端铣刀一般在钢制刀盘上镶有多片硬质合金刀齿,用于铣削较大的平面,可进行高速铣削 (b)立铣刀的端部有三个以上的刀刃,用于铣削直槽、小平面、台阶平面和内凹平面等 (c)键槽铣刀的端部只有两个刀刃,专门用于铣削轴上封闭式键槽 (d)、(e)T形槽铣刀和燕尾槽铣刀分别用于铣削T形槽和燕尾槽,它们属于角度铣刀也属于成形铣刀,加工角度槽和斜面 带柄铣刀多用在立式铣床

训练 11　磨　　工

【教学基本要求】

1. 了解磨床加工的特点及加工范围。

2. 了解磨床的种类及用途，了解液压传动的一般知识。

3. 了解砂轮的特性、砂轮的选择和使用方法。

4. 掌握外圆磨床和平面磨床的操纵及其正确安装工件的方法，并能完成磨外圆和平面的加工。

5. 了解光整加工及磨削先进技术。

【重点和难点】

1. 入门指导讲解：结合机床实物讲解常见磨床编号的字母和各数字的代表意义、磨床的各个组成部分及其作用；磨床的主运动和进给运动及其主要加工范围、磨削特点，此节作为重点讲清。

2. 外圆、内圆、平面磨削的工艺特点；磨削外圆时工件和砂轮须作的运动，磨削时磨削速度如何计算；在磨不同表面时，砂轮的转速变化分析；磨内圆与磨外圆的特点，讲授时注意，此节属于难点。

3. 砂轮的要素介绍与选用。

4. 液压传动在磨床上的应用。

5. 用尺寸精度和表面粗糙度大致的数值和精度等级来介绍粗磨、精磨、超精加工、研磨、珩磨和抛光之间的区别，进而引进光整加工及磨削先进技术简介。

6. 工艺综合练习。能按实习图纸的技术要求，正确、合理地选择工、夹、量具及制定简单的磨削工艺顺序并完成加工。

本章的教学重点应落实在通过熟悉磨削基本概念，使学生达到能自主分析所加工零件的技术要求、基本掌握磨削中切削要素的选用及刀具、量具的正确使用，为在后续的工程实训中，熟练掌握工艺技术奠定基础知识，要求学生充分利用工程训练车间的实物、参考书、练习册内容，反复对照、仔细思考，熟知切削工艺知识，为各类零件结构的合理设计奠定工艺基础。

【训练报告习题参考答案与评分标准】

一、单项选择题【每题 1 分，共 10 分】

题号	1	2	3	4	5	6	7	8	9	10
答案	D	A	D	C	B	B	C	C	C	A

二、多项选择题【每题 2 分，共 10 分】

题号	1	2	3	4	5
答案	ABDE	ABE	ABCD	DE	CDE

三、判断题【每题 1 分，共 10 分】

题号	1	2	3	4	5	6	7	8	9	10
答案	N	Y	N	N	Y	Y	Y	N	N	Y

四、填空题【每空 1 分，少填或错填每空扣 1 分，共 10 分】

1. 磨粒难脱落的砂轮称为 <u>硬砂轮</u>。
2. 在磨床上，磨削内圆时砂轮的旋转方向与磨削外圆 <u>相反</u>。
3. 在单件磨削易于翘曲变形且要求加工精度较高的工件时，应选用 <u>周磨</u>。
4. 无心外圆磨削时，工件的待加工表面就是 <u>定位基准</u>。
5. 研磨剂是很细的磨料混合剂，主要起 <u>研磨</u>、吸附、冷却和润滑等作用。
6. 磨削液的主要作用有冷却、润滑、排屑、清洗和防锈作用。
7. 磨削实质是：<u>滑擦、刻划、切削</u> 三作用综合之。
8. 抛光能明显增加工件光亮度，但 <u>不能甚至不能保持原有的精度</u>。
9. 平面磨削中的端磨的特点是 <u>利用砂轮的端面进行磨削</u>。
10. 砂带磨削效率高，成本低。加工质量好，具有 <u>"冷态磨削"</u> 之美称。

五、问答题【3 道记分题共 60 分】

1. 在表 11-1 内图例右边空格中写出各个机床的名称、主要部件及应用特点。

表 11-1 常见磨床的名称、主要部件及应用特点归纳【每项 6 分，组成、应用各占 3 分，共 18 分】

序号	机床外观图	名称	主要组成部分	应 用 场 合
1		万能外圆磨床	①床身 ②工作台 ③砂轮架 ④头架 ⑤尾架及内圆磨头	常见万能外圆磨床（如 M1432A）可以磨削外、内圆柱面、圆锥面、端面及台阶端面；适用于工具车间、机修车间和单件小批生产场合

序号	机床外观图	名称	主要组成部分	应 用 场 合
2	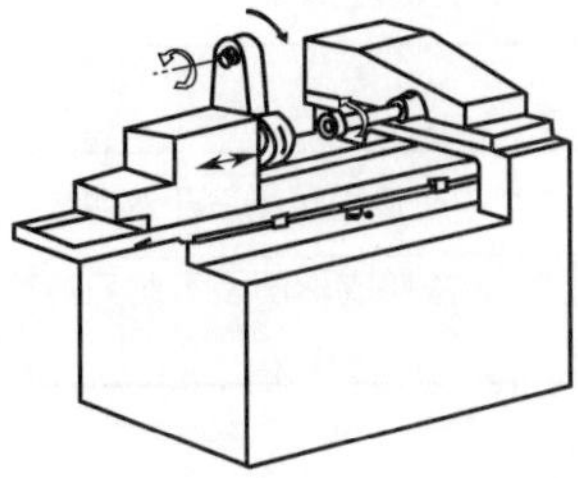	内圆磨床	①床身 ②工作台 ③砂轮架 ④立柱 ⑤滑鞍	主要用于磨削内圆柱面,内圆锥面及端面等 普通内圆磨床一般用手动测量,故适用于单件和小批生产
3		平面磨床	①床身 ②工作台 ③砂轮架 ④立柱	M7120A 型平面磨床利用砂轮的圆周面磨削各种零件的平面,也可以用砂轮的端面磨削零件的垂直平面

2. 磨削表 11-2 中所列图示零件,请选择机床、砂轮和装夹方法(材料均为 45 钢)。

表 11-2　磨削零件工艺选择【每项各 2 分×11 项＝22 分】

项目	磨削零件简图	机床选择	砂轮选择	装夹方法	面 A 能否在一次装夹中磨削
外圆磨削	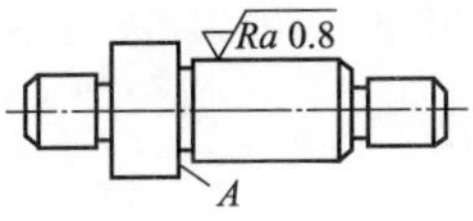	外圆磨床	陶瓷结合剂的平面砂轮	三爪自定心卡盘	不能
磨平面	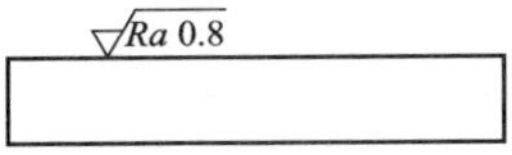	平面磨床	陶瓷结合剂的平面砂轮	电磁吸盘	【无此要求】
磨内孔	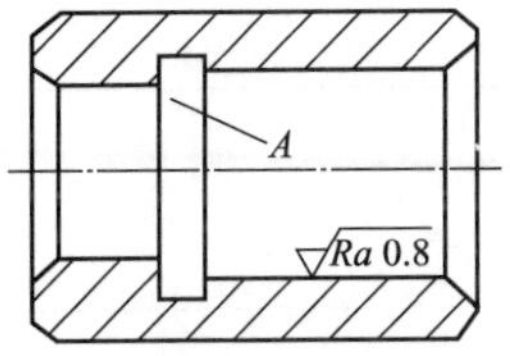	内圆磨床或万能外圆磨床	陶瓷结合剂的平面砂轮	四爪卡盘找正装夹	不能

3. 从本质上说磨削也是切屑加工,但和通常的切削成形相比却有表 11-3 中所列的特点。请对这些特点给予解释。

表 11-3　磨削特点解释【每项 5 分，共 20 分】

序号	特　点	特　点　说　明
1	多刃、微刃切削	由于，刀刃锋利，切层薄细；磨削工件的表面精度高，粗糙度小
2	加工精度高	磨床，精度高、刚度好、可微调，保证精细加工
3	速度、温度高	速度过高易于烧伤工件；软化磨屑，堵塞砂轮；磨削中应该有足量冷却液冲洗
4	加工范围广	可以对外圆面、内圆面和平面进行精加工，还能加工各种成形面及刃磨刀具等；不仅用于精细加工，而且广泛用于粗荒加工

★4. 试比较表 11-4 中平面磨削的两种磨削方法的优缺点。

表 11-4　磨削方法的优缺点对比

简图		
磨削形式	平面矩台周磨	平面矩台端磨
特点	利用砂轮的圆周面进行磨削，工件与砂轮的接触面积小，发热少，排屑与冷却情况好，因此，加工精度高，质量好，但效率低	利用砂轮的端面进行磨削。砂轮轴垂直安装，刚性好，允许采用较大的磨削用量，砂轮与工件接触面积大，效率较高。但端磨精度较周磨差，磨削热较高，切削液进入磨削区困难，工件易受热变形，砂轮磨损不均匀，影响加工精度
应用	适合易翘曲变形的工件；在单件小批生产中应用较广	在批量生产时，如箱体类零件，机床导轨等平面常用端磨

★5. 为什么磨床的工作台运动要选用液压传动而不是机械传动？在表 11-5 中列出液压传动的优点。

表 11-5　磨床应用液压传动的优点

序　号	应用液压传动的优点
1	液压传动在较大范围内实现无级变速
2	传动平稳，冲击小，便于实现频繁换向和防止过载
3	便于采用电液联合控制，实现自动化
4	液压传动广泛用于机床传动和控制

训练 12　数控机床

【教学基本要求】

1. 了解数控机床的基本组成与工作原理。
2. 了解数控机床的分类及主要性能指标。
3. 熟悉数控机床加工的工艺过程、特点及应用范围。
4. 熟悉数控机床编程内容和方法。

【重点和难点】

1. 入门指导讲解：结合数控机床实物讲解常见数控编号的字母和各数字的代表意义、数控机床与常规普通机床的差别、数控机床的各个组成部分及其作用；数控装置的作用及其组成、数控机床的主运动和进给运动及其主要加工范围、数控机床分类与加工特点，此为重点应讲清，学生应当熟悉。

2. 基本掌握数控加工程序的编制过程、数控机床的坐标系；熟悉数控程序结构和指令及准备功能指令、辅助功能指令、何谓模态指令、非模态指令的基本概念及其区别，此属难点要细致说明。

3. 工艺综合练习　能按实习图纸的技术要求正确、合理地选择工具、夹具、量具及制定简单的数控加工编程并完成加工。

本章的教学重点应落实在通过熟悉数控机床加工的基本概念，使学生达到能自主分析所加工零件的技术要求，基本掌握数控机床加工中切削要素的选用及刀具、夹具的使用和简单程序编制，为在后续的工程训练中，熟练掌握工艺技术奠定基础知识，要求学生充分利用工程训练车间的实物、参考书、练习册内容，反复对照，仔细思考，熟知数控机床加工的工艺知识，为各类零件结构的合理设计奠定工艺基础。

【训练报告习题参考答案与评分标准】

一、单项选择题【每题1分，共10分】

题号	1	2	3	4	5	6	7	8	9	10
答案	B	C	B	C	C	B	C	A	A	D

二、多项选择题【每题2分，共10分】

题号	1	2	3	4	5
答案	ABCDE	ABD	ACE	ACE	BCE

三、判断题【每题1分，共10分】

题号	1	2	3	4	5	6	7	8	9	10
答案	Y	Y	N	N	N	N	Y	N	N	Y

四、填空题【每空1分，少填或错填每空扣3分，共30分】

1. 整个数控加工的关键是：掌握加工程序的编制过程。
2. 我国也准备以美国的 APT 语言为基础上制定数控语言的国家标准（GB）。
3. 目前国内外先进的编程软件都普遍采用技术图形交互式自动编程。
4. 在国际上已统一了 ISO 的标准坐标系，目的是为简化程序编制及保证互换性。
5. 一个数控程序段由多个词及程序段结束符组成。
6. 数控车床编程时的一个共同特点是X坐标采用直径编程。
7. 在数控机床上加工螺纹通常用G72螺纹复合固定循环程序段来编程。
8. 编程前先要确定工件原点。一般零件，原点应设在工件外轮廓的某一角上。
9. 数控机床程序检查的方法是对工件图形进行模拟加工。
10. 数控机床的空运行之前，刀具安装必须完毕。

五、问答题【共40分】

☆1. 试编写出数控车床加工葫芦（见表12-1）的程序。

表 12-1　加工葫芦的程序【横栏每错1项扣1分，本题共18分】

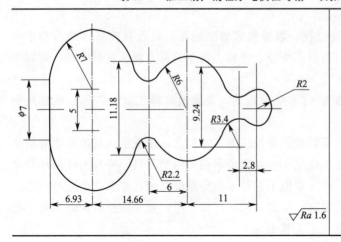

技术条件：
毛坯为 $\phi20mm$ 棒料；
材料 HPb59-1

$\sqrt{}$ Ra 1.6

加工程序	N10	T0101；				
	N20	M03	S800；			
	N30	G00	X25	Z5；		
	N40	G73	U6	W0.1	R6；	
	N50	G73	P60	Q140	U0.3	W0.1	F0.2；
	N60	G00	X0；			
	N70	G01	Z0；			
	N80	G03	X4	Z-3.7	R2；	
	N90	G02	X5	Z-7.1	R3.4；	
	N100	G03	X8	Z-18.53	R6；	
	N110	G02	X11.18	Z-20.73	R2.2；	
	N120	G03	X7	Z-34.59	R7；	
	N130	G01	X25；			
	N140	G00	Z5；			
	N150	G70	P60	Q140	F0.1；	
	N160	G00	X50	Z100；		
	N170	T0100；				
	N180	M30；				

☆2. 按表 12-2 中图示零件，编制精加工程序。

表 12-2　短轴加工的程序【横栏每项 1 分，本题共 14 分】

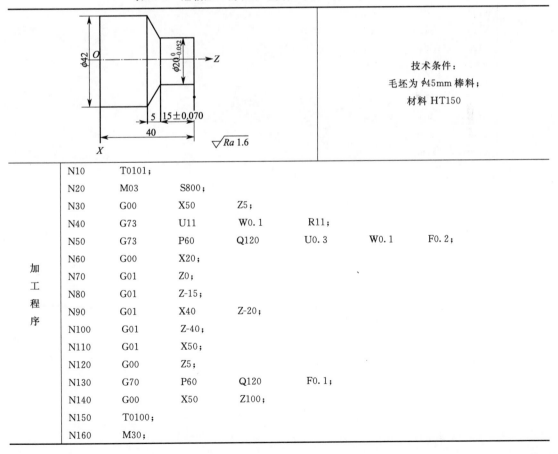

技术条件：

毛坯为 $\phi45mm$ 棒料；

材料 HT150

加工程序	N10	T0101；				
	N20	M03	S800；			
	N30	G00	X50	Z5；		
	N40	G73	U11	W0.1	R11；	
	N50	G73	P60	Q120	U0.3	W0.1	F0.2；
	N60	G00	X20；			
	N70	G01	Z0；			
	N80	G01	Z-15；			
	N90	G01	X40	Z-20；		
	N100	G01	Z-40；			
	N110	G01	X50；			
	N120	G00	Z5；			
	N130	G70	P60	Q120	F0.1；	
	N140	G00	X50	Z100；		
	N150	T0100；				
	N160	M30；				

☆3．按表 12-3 中图示零件，编制精加工程序。

表 12-3   短轴加工的程序【横栏每写错 1 项扣 0.5 分，本题共 8 分】

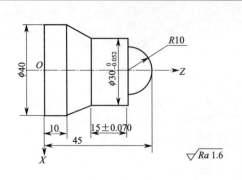

技术条件：

毛坯为 ϕ45mm 棒料；材料 HPb59-1

加工程序	N10	T0101；				
	N20	M03	S800；			
	N30	G00	X50	Z5；		
	N40	G73	U20	W0.1	R20；	
	N50	G73	P60	Q140	U0.3	W0.1	F0.2；
	N60	G00	X0；			
	N70	G01	Z0；			
	N80	G03	X20	Z-10	R10；	
	N90	G01	X30；			
	N100	G01	Z-25；			
	N110	G01	X40	Z-35；		
	N120	G01	Z-45；			
	N130	G01	X50；			
	N140	G00	Z5；			
	N150	G70	P60	Q140	F0.1；	
	N160	G00	X50	Z100；		
	N170	T0100；				
	N180	M30；				

训练 13　现代加工工艺

【教学基本要求】

1. 了解现代加工的特点与分类。

2. 了解电火花、电解、超声波、激光等现代加工的基本原理和应用范围。

3. 了解先进制造技术的概念与内容。

【重点和难点】

1. 入门指导讲解：现代加工工艺，又叫特种加工工艺，注意"现代"与"特"的特点。以电火花、电解、超声波、激光等加工方法为主，结合常规加工方法的特点进行对比介绍，讲授现代加工工艺技术的广泛应用对零件设计、制造的影响，以此激发学生关于加工方面的一些"奇异"之想，此为本章教学重点。

2. 教学中可以运用图表形式（结合多媒体形式），将各种现代加工工艺方法的特点、适用范围作归纳介绍。教学中应列举日常生活用品中经常应用的现代加工工艺制造的物品，试述具体工艺种类及选定的依据，以引导学生们主动观察生活，关注社会，热爱生活，主动学习，此为教学难点，应努力化解。

3. 简介先进制造技术中智能制造系统（IMS）、计算机集成制造系统（CIMS）、成组技术（GT）、精良生产（LP）、敏捷制造（AM）及工程设计领域的先进技术的概念与内容。

4. 工艺综合练习。按零件图纸要求独立完成简单工件的现代加工成形。

本章的教学重点应落实在通过熟悉现代加工基本概念，使学生达到能初步注意分析所加工零件的技术要求，基本了解现代加工中诸要素的选用及相关"刀具"、量具的使用特点，为在后续的工程实训中，熟练掌握各类工艺技术奠定基础知识，要求学生充分利用工程实训车间的实物、参考书、练习册内容，反复对照，仔细思考，熟知现代加工工艺知识，为各类零件结构的合理设计奠定工艺基础。

【训练报告习题参考答案与评分标准】

一、单项选择题【每题2分，共20分】

题号	1	2	3	4	5	6	7	8	9	10
答案	A	C	B	D	D	C	A	C	D	B

二、多项选择题【每题2分，共10分】

题号	1	2	3	4	5
答案	BCD	ABCE	ABCDE	ABCDE	ACDE

三、判断题【每题2分，共20分】

题号	1	2	3	4	5	6	7	8	9	10
答案	N	N	N	Y	N	Y	Y	N	Y	Y

四、填空题【每空1分，少填或错填每空扣3分，共30分】

1. 现代加工方法或特种加工工艺不同于以往的<u>切削加工</u>。
2. 电火花线切割是利用移动的<u>细金属丝作工具电极</u>，按预定的轨迹切割。
3. 由我国发明的电火花共轭回转加工是展成加工中的突出例子。
4. 电解加工中工具无损耗，寿命长原因是：<u>阴极只发生氢气和沉淀而无溶解作用</u>。
5. 在超声波加工中脆性和硬度不大的塑性材，由于<u>有缓冲作用</u>而难加工。
6. 利用超声波的<u>定向发射，反射等特性</u>，可以进行测距和无损检测。
7. 激光热处理形成自淬火，<u>不需冷却介质，节省能源</u>，并且工作环境也清洁。
8. 电子束加工是利用电子的<u>高速运动的动能转换为热能</u>对材料进行加工的。
9. 离子束是靠微观的机械撞击能量而不是<u>靠动能转化为热能</u>来加工的。
10. 敏捷制造系统对用户需求的变更有<u>敏捷的响应能力</u>。

五、问答题【共20分】

☆1. 现代加工工艺，又叫特种加工工艺，请问"现代"体现在何处？"特"体现在何处？【10分】

答：现代加工方法是不仅用机械能而且更多的应用电能、化学能、声能、光能、磁能等进行加工。这些加工方法，在某种意义上说，即不使用普通刀具来切削工件材料，而是直接利用能量进行加工。【2分】与传统的切削加工相比较，具有以下特点：

① 切除材料的能量不主要靠机械能，主要为其他形式的能量；【2分】

② "以柔克刚"，工具材料的硬度可低于工件材料的硬度，或者有传统意义的刀具；【2分】

③ 加工过程中，工具与工件间不存在显著的机械切削力，相应的切削物理现象不明显；【2分】

④ 加工能量易于控制、转换，可复合成新的工艺技术，适应加工范围广。【2分】

☆2. 有一工件既能用传统工艺加工，又能用现代加工工艺完成，请问你如何抉择？【10

分】

答：对于工件可用传统工艺加工，也可使用现代加工工艺完成时，应该根据产品产量及加工经济性进行对比，从中选用既满足使用要求又经济合算的方法加工。主要算经济账。

★3. 能否将你平时关于加工方面的一些"奇异"之想和同学们交流一下？

【指导教师应该结合工程训练内容向学生灌输敢于标新立异、敢于创新设计，可以有意识地介绍：创新、创造、发现、发明、革新等概念；注意观察、思考，利用创造法、综合法、改进法、仿生法、智暴法等集合日常的思想"火花"就可能创造奇迹！】

★4. 你想过没有：可否将传统加工工艺与现代加工工艺结合起来？如果有，能向你的老师、同学叙述一下吗？也许它是一项伟大发明的萌芽！【可参见"复合加工"介绍】

训练 14　非金属材料成形

【教学基本要求】

1. 了解高分子材料、陶瓷和复合材料的组成与分类（参见第 1 章相关内容）。

2. 了解塑料制品的成型工艺与常用方法。

3. 了解常用特种陶瓷材料的成形工艺。

4. 了解陶瓷、玻璃、水泥及耐火材料的分类。

【重点和难点】

1. 入门指导讲解：由塑料优点及其在制品成型与加工中的影响，重点介绍挤出成型法原理，结合生产生活中常见的塑料薄膜、人造板、排水管、人造革、齿轮、轴套、电气元件、医用标本、商品样件等应用特点，联系传统材料（金属、玻璃、陶瓷和橡胶等）的成形加工技术，适时引导学生，总结分析还有哪些传统技术可借鉴、可利用，以组合创新出更新的成型加工技术。此为本章教学重点。

2. 教学中可以运用图表形式（结合多媒体形式），将计算机、电视机、电话机、收录机、手机、随身听、DVD 和照相机等的塑料外壳成形制造工艺作归纳介绍。教学中应列举日常生活用品中经常应用的非金属材料成形工艺制造的物品，试述具体工艺种类及选定的依据，以引导学生们主动观察生活，关注社会，热爱生活，主动学习。此为教学难点，应适时化解。

3. 介绍塑料的二次成型与二次加工技术间差别，总结二次加工技术的工艺特点。

4. 介绍粉体及其基本性能，简述粉体的制备工艺方法，比较压制成形和等静压成形等各类方法的应用与特点，列表归纳注浆成形中各个方式的特点与应用。

5. 简介可塑成形中各个工艺方法有何特点、特种陶瓷烧结方法的特点与应用场合。

本章的教学重点应落实在通过熟悉非金属材料成形的基本概念，使学生达到能初步自主分析非金属材料成形零件的技术要求，基本了解非金属材料成形中诸要素的选用特点，为在后续的工程实训中，熟练掌握各类工艺技术奠定基础知识，要求学生充分利用工程实训车间的实物、参考书、练习册内容，反复对照，仔细思考，熟知非金属材料成形知识，为各类零件结构的合理设计奠定工艺基础。

【训练报告习题参考答案与评分标准】

一、单项选择题【每题 2 分，共 20 分】

题号	1	2	3	4	5	6	7	8	9	10
答案	C	D	A	B	D	D	A	B	C	A

二、多项选择题【每题 2 分，共 10 分】

题号	1	2	3	4	5
答案	ABDE	ABCE	CDE	ABE	ABCDE

三、判断题【每题 2 分，共 20 分】

题号	1	2	3	4	5	6	7	8	9	10
答案	Y	Y	Y	Y	N	N	Y	Y	Y	N

四、填空题【每空 1 分，少填或错填每空扣 2 分，共 20 分】

1. 压延成型与挤出、注射成型一起，合称为热塑性塑料的三大成型方式。
2. 模压主要依靠外压的压缩作用实现成型物料的造型。
3. 黏度高、流动性较差的聚四氟乙烯、聚酰亚胺等塑料的成型主要靠冷压烧结成型。
4. 由液相制备氧化物粉末的特性取决于沉淀和热分解两个过程。
5. 自行车零件、哑铃、杠铃等健身器械的表面多应用金属件涂覆。
6. 考虑到经济性，塑料的二次加工环节，少安排为宜。
7. 为了提高生产率，对于小型薄片坯体，压制成型时加压速度可适当快些。
8. 对于多品种、形状较复杂、产量小和较大型的制品应选择湿式等静压成型。
9. 制造两面形状和花纹不同的大型厚壁产品适宜应用实心注浆成型。
10. 制品形状复杂、尺寸精确、表面光细、结构致密的陶瓷制品应注射成型。

五、问答题【共 30 分】

1. 在表 14-1 中填写所列品各种产品的合理成形工艺。

表 14-1　各种产品的合理成形工艺【每项 1 分，共 9 分】

序号	品名	成形工艺
1	塑料薄膜	挤塑技术,还有共挤出、挤出复合,发泡挤出和交联挤出等
2	人造板	挤塑技术;热塑性塑料制板材,主要运用层压成型
3	排水管	挤塑技术可以加工大多数热塑性塑料薄壁管;厚壁管应离心浇铸
4	人造革	平面连续卷材涂覆、压延成型

序号	品名	成型工艺
5	齿轮	离心浇铸、静态浇铸等
6	轴套	离心浇铸
7	电气元件	嵌铸、热成形等
8	生物标本	嵌铸
9	商品样品	嵌铸等

2. 请分析讨论表 14-2 所列注塑产品的常见缺陷。

表 14-2　注塑产品的缺陷分析【每项 1 分，共 6 分】

序号	缺陷名称	缺陷产生的原因	改进方法
1	飞边	又称溢边,机器合模力不足,合模装置调节不佳,模具本身平行度不佳,止回环磨损严重。 模具方面:模具分型面精度差,模具设计不合理; 工艺方面:注射压力过高或注射速度过快,加料量过大造成飞边,机筒、喷嘴温度太高或模具温度太高都会使塑料黏度下降,流动性增大,在流畅进模的情况下造成飞边; 原料方面:塑料黏度太高或太低都可能出现飞边,塑料原料粒度大小不均时会使加料量变化不定,制件或不满,或飞边	调整机器合模力、更新模具;工艺压力和速度要适度;加料量要适量;原料黏度要合适,粒度应均匀
2	起泡	设备方面:喷嘴孔太小; 模具方面:由于设计上的缺陷,如浇口位置不佳、堵塞了空气的通道,模具分型面缺少必要的排气孔道或排气孔道不足、堵塞、位置不佳,模具表面粗糙度差,摩擦阻力大,造成局部过热点; 工艺方面:料温太高,保压时间短,注射速度太快,产生分解气;注射速度太慢,料量不足、加料缓冲垫过大、料温太低或模温太低都会产生气泡等。 原料方面:原料中混入异种塑料或粒料中掺入大量粉料,熔融时容易夹带空气,液态助剂用量过多或混合不均,塑料没有干燥处理或从大气中吸潮。 制品设计方面,壁厚太厚,表里冷却速度不同	针对产生原因对模具、工艺、原料、制品设计方面分析矛盾主次,采取相应措施
3	溶接痕	设备方面:塑化不良,熔体温度不均; 模具方面:模具温度过低,流道细小、过狭或过浅,冷料井小,扩大或缩小浇口截面,改变浇口位置,排气不良或没有排气孔 工艺方面:提高注射压力,延长注射时间,调好注射速度,调好机筒和喷嘴的温度,脱模剂应尽量少用,降低合模力,提高螺杆转速,使塑料黏度下降; 原料方面:原料应干燥并尽量减少配方中的液体添加剂,对流动性差或热敏性高的塑料适当添加润滑剂及稳定剂, 制品设计:壁厚小,应加厚制件以免过早固化等	根据产生原因对模具、工艺、原料、制品设计方面分析矛盾主次,采取相应措施

序号	缺陷名称	缺陷产生的原因	改进方法
4	脱模困难	设备方面:顶出力不够; 模具方面:脱模结构不合理或位置不当,脱模斜度不够,模温过高或通气不良,浇道壁或型腔表面粗糙,喷嘴与模具进料口吻合不服帖或喷嘴直径大于进料口直径; 工艺方面:机筒温度太高或注射量太多,注射压力太高或保压及冷却时间长; 原料方面:润滑剂不足	按照产生原因对模具、工艺、原料、制品设计方面分析矛盾主次,采取相应措施
5	变形	模具方面:浇口位置不当或数量不足,顶出位置不当或制品受力不均匀 工艺方面:模具、机筒温度太高,注射压力太高或注射速度太快,保压时间太长或冷却时间太短 原料方面:酞氰系颜料会影响聚乙烯的结晶度而导致制品变形 制品设计方面:壁厚不均,变化突然或壁厚过小,制品结构造型不当	分析产生原因,对模具、工艺、原料、制品设计方面,采取相应补救措施。
6	裂纹	模具方面:顶出机构不佳 工艺方面:机筒温度低或模具温度,注射压力高,保压时间长。 原料方面:润滑剂、脱模剂不当或用量太多牌号、品级不适用。 制品设计方面:制品设计不合理等。	对模具、工艺、原料、制品设计方面分析矛盾主次进行调节

3. 请将在训练中所使用的注塑机设备型号、基本参数与主要部件填写入表 14-3 中。

表 14-3　实训设备型号与参数表【每项 1 分，共 7 分】

设备名称	设备型号	基本参数	主要部件	备注
				各校可要求学生根据训练中心的设备实际观察记录

4. 试在表 14-4 中归纳陶艺制作的要点。

表 14-4　陶艺制作的要点【每项 1 分，共 8 分】

陶艺制作基本方法	陶艺表面装饰方法	施釉方法有几种	装窑应注意什么
1. 泥条盘制法 2. 泥板成形法 3. 拉坯成形法 4. 徒手捏塑法 5. 模具成形法 6. 雕塑挖空法	1. 釉上彩 2. 釉中彩 3. 釉下彩 4. 贵金属装饰法 5. 色釉 6. 结晶釉 7. 戳印法 8. 其他	1. 浸釉 2. 荡釉 3. 浇釉 4. 喷釉 5. 刷釉	1. 大件先放,小件补空;但作品之间留有空隙,不得相互接触 2. 小件可以直立叠放,但不得超过 5 件,坯料叠放不宜过高 3. 为利于热空气流通,宽(底座)体坯料下面应置放"支垫钉" 4. 窑内空间要排满,坯件不够,可使用烧毁素烧件重装窑内,为防止温度急速上升

训练 15　零件加工工艺分析

【教学基本要求】

1. 熟练掌握常见零件毛坯的成形工艺。
2. 能熟练运用零件毛坯选用原则。
3. 熟悉"经济精度"概念，初步掌握机械零件表面加工方法的选择及其经济分析。
4. 熟悉零件结构工艺性，能初步应用与零件设计中。

【重点和难点】

1. 入门指导讲解：使机械零件达到图纸限定的技术要求，可由多种方法制造零件（或毛坯件再经切削而成），因此，在制定工艺时，必须正确选择毛坯成形工艺。毛坯的成形工艺与零件的结构、性能要求、材料直接相关，不同的毛坯制造工艺不仅影响毛坯的组织和性能，同时也影响零件的制造工艺、设备及制造费用。本章的重点是讨论在多品种、单件、小批生产条件下确定不同（毛坯）零件的合理结构工艺性问题，其实质是讨论零件（毛坯）的制造经济性问题。

2. 综合归纳、比较零件（毛坯）成形种类：铸件、锻件、焊接件、型材件、粉末冶金件和切削成形等各自的方法特点，选择设计的零件在保证其使用要求的前提下，便于在毛坯生产、切削、热处理和装配等生产阶段都能用高效率、低消耗和低成本的方法生产出来，称为机械零件的结构工艺性研究，是本章的难点，又是本课的最终落实点——课程追求的重点。

本章的教学重点应落实在综合前述各章成形工艺的基本知识，使学生达到能自主分析所设计、加工零件的技术要求，熟知各类工艺知识，为各类零件结构的合理设计奠定综合的工艺基础。

【训练报告习题参考答案与评分标准】

一、单项选择题【每题 2 分，共 20 分】

题号	1	2	3	4	5	6	7	8	9	10
答案	D	D	B	C①(D)	A	C	A	A	C	D

① 对于大批箱体零件的端面加工，应用拉削是经济的，例如在汽车发动机箱体端面加工中就应用了拉削。

二、多项选择题【每题 2 分，共 10 分】

题号	1	2	3	4	5
答案	ABCDE	ABCDE	ABCE	ACE	ABCDE

三、判断题【每题 2 分，共 20 分】

题号	1	2	3	4	5	6	7	8	9	10
答案	N	N	Y	Y	N	N	N	Y	N	N

四、填空题【每空 1 分，少填或错填每空扣 2 分，共 20 分】

1. 为使钢中的<u>碳化物</u>细化和均匀分布，即使毛坯形状简单，也锻造而不采用型材。
2. 有些零件，如罩壳、机架和箱体等，可采用型材<u>焊接</u>成为毛坯件。
3. 选择毛坯时，对于形状复杂的零件，可采用铸件或<u>模锻件</u>。
4. 当毛坯类别确定后，<u>生产类型</u>是决定毛坯制造方法的主要因素之一。
5. 外圆面应根据不同的公差等级和表面粗糙度要求，<u>选择加工方案</u>。
6. 确定孔的加工方法，要考虑孔的技术要求及热处理，还要考虑<u>孔径的大小</u>。
7. 在选择各种表面加工方法时，通常按<u>经济精度</u>来考虑。
8. 由于通用机床的生产率较低，使单件<u>工艺成本较高</u>。
9. 为了便于起模，在<u>平行于起模</u>方向的不加工表面应有结构斜度。
10. 设计模锻件时零件上凡与分模面垂直的表面，<u>应设计出模锻斜度</u>。

五、问答题

比较表 15-1 中图例结构，试分析哪一种结构工艺性好，并说明理由。

表 15-1　零件结构工艺性比较

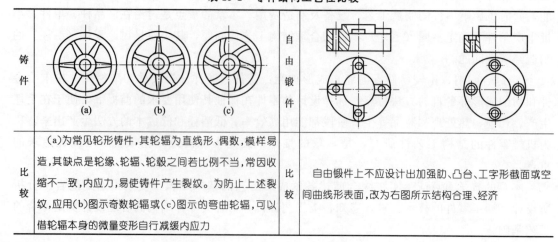

铸件	(a) (b) (c)	自由锻件	
比较	(a)为常见轮形铸件，其轮辐为直线形、偶数，模样易造，其缺点是轮缘、轮辐、轮毂之间若比例不当，常因收缩不一致，内应力，易使铸件产生裂纹。为防止上述裂纹，应用(b)图示奇数轮辐或(c)图示的弯曲轮辐，可以借轮辐本身的微量变形自行减缓内应力	比较	自由锻件上不应设计出加强肋、凸台、工字形截面或空间曲线形表面，改为右图所示结构合理、经济

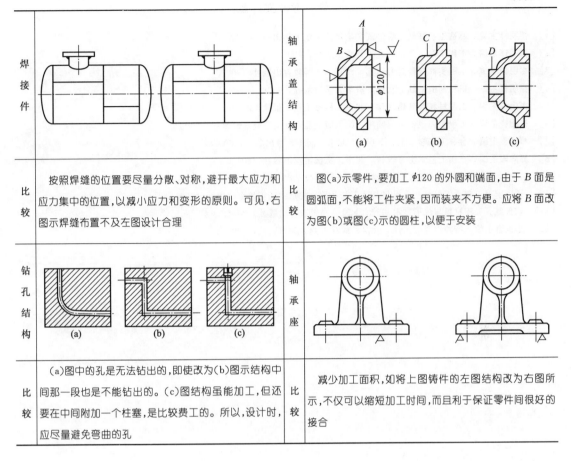

焊接件		轴承盖结构	
比较	按照焊缝的位置要尽量分散、对称,避开最大应力和应力集中的位置,以减小应力和变形的原则。可见,右图示焊缝布置不及左图设计合理	比较	图(a)示零件,要加工 $\phi 120$ 的外圆和端面,由于 B 面是圆弧面,不能将工件夹紧,因而装夹不方便。应将 B 面改为图(b)或图(c)示的圆柱,以便于安装
钻孔结构		轴承座	
比较	(a)图中的孔是无法钻出的,即使改为(b)图示结构中间那一段也是不能钻出的。(c)图结构虽能加工,但还要在中间附加一个柱塞,是比较费工的。所以,设计时,应尽量避免弯曲的孔	比较	减少加工面积,如将上图铸件的左图结构改为右图所示,不仅可以缩短加工时间,而且利于保证零件间很好的接合

参 考 文 献

[1] 崔明铎主编．制造工艺基础．哈尔滨：哈尔滨工业大学出版社，2004.

[2] 崔明铎主编．工程实训．北京．高等教育出版社，2007.

[3] 崔明铎主编．工程实训报告与习题集．北京．高等教育出版社，2007.

[4] 崔明铎主编．机械制造基础．北京．清华大学出版社，2008.

[5] 崔明铎主编．工程材料及其热处理．北京．机械工业出版社，2009.

[6] 崔明铎主编．工程实训报告与习题集．第二版．北京．高等教育出版社，2009.

[7] 邓文英主编．金属工艺学（上、下册）．北京：高等教育出版社，2008.

[8] 腾向阳主编．金属工艺学实习教材．北京：机械工业出版社，2002.

[9] 胡大超等．机械制造工程实训．上海：上海科学技术出版社，2004.

[10] 孙康宁等．现代工程材料成形与制造工艺基础．北京：高等教育出版社，2005.

[11] 鞠鲁粤．工程材料与成形技术基础．北京：高等教育出版社，2004.

[12] 李世普主编．特种陶瓷工艺性．武汉：武汉工业大学出版社，1990.